新工科建设之路·区块链工程与应用系列教材

区块链工程实验与实践

伍前红　韩天煦　张宗洋　关振宇　秦波　编著

電子工業出版社
Publishing House of Electronics Industry
北京·BEIJING

内容简介

本书内容包括9章。第1章为基于Go语言编写基本区块链，第2章为比特币客户端与回归测试网络，第3章为区块链浏览器与区块链钱包，第4章为以太坊客户端与分布式网络，第5章为IPFS-P2P私有网络搭建，第6章为超级账本项目Fabric实验，第7章为Solidity与智能合约在线编程，第8章为简单DApp的开发实践，第9章为自主设计实验，包括区块链共识算法实现与区块链扩容方案实现。

本书可以作为计算科学、软件工程、信息安全、区块链工程等专业相关课程的配套教材，也可以作为区块链工程师的培训教材。

图书在版编目(CIP)数据

区块链工程实验与实践 / 伍前红等编著. —北京：电子工业出版社，2021.1
ISBN 978-7-121-40316-3

Ⅰ. ① 区… Ⅱ. ① 伍… Ⅲ. ① 区块链技术－高等学校－教材 Ⅳ. ① TP311.135.9

中国版本图书馆CIP数据核字（2020）第258374号

责任编辑：戴晨辰　　文字编辑：章海涛　路　越
印　　刷：北京天宇星印刷厂
装　　订：北京天宇星印刷厂
出版发行：电子工业出版社
　　　　　北京市海淀区万寿路173信箱　　邮编：100036
开　　本：787×1092　1/16　　印张：10.75　　字数：270千字
版　　次：2021年1月第1版
印　　次：2021年6月第2次印刷
定　　价：39.00元

凡所购买电子工业出版社图书有缺损问题，请向购买书店调换。若书店售缺，请与本社发行部联系，联系及邮购电话：（010）88254888，88258888。

质量投诉请发邮件至zlts@phei.com.cn，盗版侵权举报请发邮件至dbqq@phei.com.cn。

本书咨询联系方式：192910558（qq群）。

前　言

近年来，区块链产业蓬勃发展，区块链技术在国内外高校和研究机构中受重视程度越来越高。国内有数十所高校开设了区块链理论课程和区块链实验课程。现有区块链方面的图书大多偏重原理和潜在影响，缺少系统深入的技术实践，尤其缺少区块链工程实验和实践的图书，难以帮助区块链技术从业者、学习区块链课程的学生等读者真正了解并动手实践区块链技术。

习近平总书记 2019 年 10 月在中央政治局第十八次集体学习时强调“要把区块链作为核心技术自主创新的重要突破口，明确主攻方向，加大投入力度，着力攻克一批关键核心技术，加快推动区块链技术和产业创新发展”。本书正是为了积极响应号召而编写的，同时力求符合由工业和信息化部信息化和软件服务业司指导、工业和信息化部中国电子技术标准化研究院在“中国区块链技术和产业发展论坛第二届开发大会”上发布的《区块链　数据格式规范》。

2020 年 2 月，教育部公布《普通高等学校本科专业目录（2020 年版）》，新增“区块链工程（080917T）”专业。

本书将区块链实验分为“基本实验”“拓展实验”“自主设计实验”三个层次，帮助读者在学习理论知识和动手实践的过程中，实现对难度、层次、广度逐步深入化、综合化、创新化的实验的理解和掌握。本书将为区块链工程专业的开设提供支持。

本书凝聚了国内外区块链研究领域的著名工程案例，积累了作者团队多年的研发成果，是一本独具特色、通俗易懂、由浅入深、实用性强的实验教材。本书通过原理学习、独立实验、撰写报告、自主设计等方式，一方面，使读者系统地了解区块链系统的架构，包括分布式存储、对等网络、共识机制和智能合约等；另一方面，使读者深入探究区块链系统中涉及的具体密码学算法和协议，理论与实践相结合，在工程实践中总结创新，提升综合技能。

本书内容主要包括 9 章。

第 1 章为基于 Go 语言编写基本区块链，主要涉及 Go 语言的入门实验，包括使用 Go 语言实现一个区块、一条链、简单的挖矿等区块链基本实验操作，以培养读者对区块链系统工程开发的初步认知。

第 2～4 章涵盖了经典的代表性数字货币系统——比特币、以太坊的客户端、区块链浏览器、区块链钱包等应用的使用方法，进一步搭建分布式网络，帮助读者直观地学习区块链系统最初的架构和系统机制。

第 5～6 章选取了近年来区块链的知名项目——IPFS 底层存储系统和超级账本旗下的 Fabric 联盟链，让读者深入了解区块链的存储安全、网络安全、隐私安全等安全特征。

第7～8章围绕基于以太坊的DApp开发，设置“Solidity与智能合约在线编程”和“简单DApp的开发实践”两个连贯的实验，从智能合约编程语言的学习到上层应用的开发，整个过程可以帮助读者对区块链合约层和应用层的调用逻辑及相关关键技术有更进一步的了解。

第9章安排了两个自主设计实验，不再限定实验步骤和实验环境，由读者根据前面章节的学习自由发挥，以便了解区块链的底层共识机制和第二层扩容协议，对整个区块链系统形成全方位、多层次的认识。

参加本书编写的人员有伍前红、韩天煦、张宗洋、关振宇、秦波等，伍前红规划设计了全书实验并进行了统一校验和审查。参与第1章编写的有张宗洋、牛俊翔等，参与第2章编写的有伍前红、王明明等，参与第3章编写的有关振宇、韩天煦等，参与第4、5章编写的有伍前红、韩尚滨等，参与第6章编写的有秦波、韩天煦等，参与第7章编写的有张宗洋、翟明哲、牛俊翔等，参与第8章编写的有关振宇、谢平等，参与第9章编写的有伍前红、韩天煦、辜智强等。北京航空航天大学的郑海彬、李冰雨等博士后，朱焱、冯翰文、范家良、代小鹏、王堃等博士生，高启元、赵杭、刘一欣、戴品双、罗正球、李彤等硕士生，以及中国人民大学的王李笑阳、胡晟、耿一夫、杨子涵等硕士生，为本书的实验资料采集、实验图片整理、实验步骤校对、实验验证做了大量工作。作者在此向他们表示真诚的感谢。

在本书编写过程中，我们特别得到了北京航空航天大学刘建伟教授、中国人民大学石文昌教授的关心、鼓励和大力支持，以及中山大学张方国教授、西安电子科技大学陈晓峰教授、北京理工大学祝烈煌教授、暨南大学翁健教授和吴永东教授、中国科学院信息工程研究所吴槟副研究员等的指导和宝贵建议。特别感谢福建师范大学黄欣沂教授、南京航空航天大学刘哲教授、武汉大学何德彪教授、桂林电子科技大学丁勇教授，他们在区块链综合应用实验室的建设中给予了大量的帮助和支持。作者在此向他们一并表示衷心的感谢。

特别感谢戴晨辰编辑。作为本书的责任编辑，戴晨辰编辑认真审阅本书的每个细节并提出了很多宝贵的意见和建议，作者在此向她表示特别的感谢。

本书得到了科技部重点研发计划项目“支持异构多链互通的新型跨链体系研究”（项目编号：2020YFB10056）、“基于区块链的数据隐蔽传输与利用”（项目编号：2019QY(Y)0602）、“电子货币新算法与新原理研究”（项目编号：2017YFB0802500）、国家自然科学基金重点项目“基于区块链的物联网安全技术研究”（基金编号：61932011）、国家自然科学基金面上项目“分布式虚拟私有存储安全模型与关键密码学方法研究”（基金编号：61972019）、“超大规模可管控数字货币形式化安全模型与关键密码学方法”（基金编号：61772538）的支持。

本书旨在为读者提供区块链工程实践的入门学习案例，但由于涉及的系统种类繁多、知识面广，加之时间紧张、水平有限，一定存在诸多不足之处，恳请广大读者批评指正。

作　者

2020年11月

目　录

第 1 章　基于 Go 语言编写基本区块链

区块链被视为 21 世纪最具颠覆性的代表性技术之一。目前，区块链仍然并将长期处于不断成长的时期，我们可以在区块链技术的发展中看到其尚未完全展露出来的潜力。区块链的本质是一个分布式的数据库系统，但它与传统的分布式数据库有着显著的区别。区块链的数据是公开可验证的，而不是一个私人数据库，即每个使用它的人，都将在自己的机器上拥有一个部分或完整的副本，对本地副本的篡改不会得到其他节点的认可，没有任何意义。如果要向数据库中添加新的记录，必须经过其他节点同意才可以实现，且记录可以追溯。正是由于这些特点，区块链才得到大家的重视，并使得基于区块链的数字货币和智能合约这类新兴技术进入大众的视野。

目前发布的许多区块链系统（如以太坊、超级账本的 Fabric 系统）都主要使用 Go 语言进行开发。Go（又称 Golang）是 Google 开发的一种静态强类型、编译型、并发型并具有垃圾回收功能的编程语言，在保持简洁、快速、安全的情况下，提供了对海量并发的支持。这也使其成为一门适合 Web 服务器、存储集群或其他类似用途的编程语言。因此，本书的区块链实验将主要使用 Go 语言。本章的实验将带领读者认识 Go 语言，同时使用其搭建一个简化版的区块链。

1.1　Go 语言环境的配置

1.1.1　实验目的

（1）掌握 Go 语言环境的配置方法。

（2）对 Go 语言环境的配置结果进行测试。

1.1.2　实验环境

本实验使用 PC 机即可进行，要求操作系统为 Windows 10、Linux 或 macOS 均可。实验要求读者准备 Go 1.12.9 或更高版本的安装包。

1.1.3 实验步骤

本节将首先对 Go 语言的编译环境进行配置，已安装的读者可以跳过。

1．安装 Go 语言

Windows 10：运行 go1.12.9.windows-amd64.msi，将其安装至 C:\Go。并对系统环境变量进行设置：首先在任意位置新建一个文件夹（如 D:\go_project）作为 Go 语言的工程目录；然后把上述工程目录的路径添加到系统环境变量中，命名为 GOPATH；最后在系统环境变量的 path 中新增路径为 C:\Go\bin。注：部分新版本 Go 语言安装包在 Windows 系统下安装完毕后，会自动设置环境变量，具体请参考 Go 语言官方网站。

Linux：解压压缩包 go1.12.9.linux-amd64.tar.gz 至/usr/local，可能需要 sudo 权限：

```
$ tar -C /usr/local -xzf go1.12.9.linux-amd64.tar.gz
```

同时，将 Go 语言的路径添加至环境变量，在$HOME/.profile 文件最后添加如下代码：

```
$ export PATH=$PATH:/usr/local/go/bin
$ export GOPATH=$HOME/go
```

然后重启终端，或者执行如下命令：

```
$ source $HOME/.profile
```

macOS：运行 go1.12.9.darwin-amd64.pkg，将其安装至 /usr/local/go。

2．测试是否安装成功

Windows 10：进入 Go 语言工程目录下的 src\hello（没有就创建一个），新建文件 hello.go。

Linux 或 macOS：在终端下，进入$HOME/go/src/hello（没有就创建一个），再创建 hello.go 文件，输入如下代码：

```
package main
import "fmt"
func main() {
    fmt.Printf("hello, world\n")
}
```

在当前路径的命令行下运行如下命令：

```
$ go build
$ ./hello
```

在 Windows 系统下，在执行完 go build 后，直接运行 hello.exe 即可。若能够成功看到输出“hello, world”，则说明 Go 语言环境配置成功。

1.1.4 实验报告

将测试 Go 语言环境是否配置成功的过程和结果写入实验报告。

1.2 Go 语言入门

1.2.1 实验目的

（1）掌握 Go 语言的基本结构。

（2）掌握 Go 语言的基本语法。

1.2.2 原理简介

以下是 Go 语言的基本结构和基本语法举例。

1．Go 语言的基本结构

```
package main
import (
    "fmt"
    "crypto/aes"
)

func main() {
    …
}
```

2．变量与常量

```
var a string = "blockchain"
b := "encryption"
var c bool
const d uint8 = 1
```

3．控制语句（注：Go 语言不以缩进来区分代码层次）

① for 循环。注意，for 后面的几个语句都可以视情况省略。例如：

```
sum := 0
for j := 1; j <= 100; j++ {
    sum += j
}
```

② if...else 语句。if 语句可以在条件表达式前执行一个简单的语句。例如：

```
if b := x ** 2 ; b <= n {
    return b
}
else {
    return 0
}
```

③ switch 语句。与其他语言的区别在于，case 可以不为常量；执行完匹配的 case 后，switch 语句会自动停止（相当于加了 break）。例如：

```
fmt.Print("Game starts.")
switch winNum := Proof(hashLength, words); winNum {
```

```
        case "1":
            fmt.Println("Lost.")
        case "2":
            fmt.Println("Win.")
        default:
            fmt.Println("Try Again.")
    }
```

④ defer 语句。其作用是等到外层函数执行并返回后，再执行这条语句。例如，本例程将在 main 函数执行完输出"Happy"后，再输出"Birthday!"。

```
func main() {
    defer fmt.Println("Birthday!")
    fmt.Println("Happy")
}
```

4．数据结构

① 指针，与 C 语言的类似。例如：

```
i := 75
p = &i
*p = 25
```

② 结构体：

```
type student struct{
     name string
     age uint
}
student1 := student{"HuangWei", 23}
```

③ 数组和切片。例如，下面的例程的第 1 行声明并赋值了长度 5、类型为 float32 的数组；[]float 表示切片类型，其引用了数组 balance 的 1～3 号元素。读者也可以直接创建一个切片。

```
var balance = [5]float32{1000.0, 2.0, 3.4, 7.0, 50.0}
var s []float = balance[1:4]
s1 := []int{1,2,3}
```

④ 映射，元素为键值对。例如：

```
var m = map[string]int{
    "store1" : 100
    "store2" : 90
}
m["store1"] = 80
delete(m,"store1")
```

⑤ 函数值和闭包。在 Go 语言中，函数可以作为值被传递，也可以作为其他函数的参数或返回值。例如，下面的例程中，Calculate 是实现了计算器功能的函数，op 函数作为输入，代表可以执行加、减、乘、除等双目运算。当计算 1+2 时，可以将加法函数 add 作为 Calculate

的参数输入，最后得到结果 3。

```
func Calculate(x, y float32, op func(float32, float32) float32) float32 {
    return op(x, y)
}

func add(x, y float32) float32 {
    return x+y
}

func main() {
    n := Calculate(1, 2, add)
}
```

⑥ 方法和接口。Go 语言没有类，但是通过结构体和方法实现了相关功能。例如：

```
type Rectangle struct {
    a, b float64
}
func (r Rectangle) Area() float64 {
    return r.a * r.b
}
```

接口是对所有的具有共性的方法的一种抽象，任何其他类型只要实现了这些方法，就实现了这个接口。例如，在下面的例程中，所有汽车都能驾驶，因此抽象 drive( )方法；其他汽车类型只要实现了 drive( )方法，就实现了 Car 接口。

```
type Car interface {
    drive()
}

type TeslaCar struct {
}

func (tc TeslaCar) drive() {
    fmt.Println("I am tesla!")
}

type BydCar struct {
}

func (bc BydCar) drive() {
    fmt.Println("I am BYD!")
}

func main() {
```

```
        var car Car
        car = new(TeslaCar)
        car.drive()
        car = new(BydCar)
        car.drive()
    }
```

接口的用处广泛，如 Go 语言中的错误处理就是用接口实现的。

```
    type error interface {
        Error() string
    }
```

5. 并发

Go 语言支持高并发的原因在于其 goroutine，即一种轻量级线程，可用 Go 语言关键字开启。例如，创建一个 goroutine 并在其内执行 f(x, y, z)函数：

```
    go f(x, y, z)
```

由于 goroutine 之间是相互独立的，因此连续开启两个 goroutine 后，二者内部运行是没有先后关系的。并发部分涉及内容较多，如 goroutine 之间的通信，暂不在 Go 语言入门考虑范围内，感兴趣的读者可自行了解。

1.2.3 实验环境

本实验在 1.1 节配置好 Go 语言环境的基础上进行，且提供了部分可能用到的代码库。

1.2.4 实验步骤

1. 比特币地址的生成

参考图 1-1 中比特币地址生成流程，用 Go 语言实现如下操作。

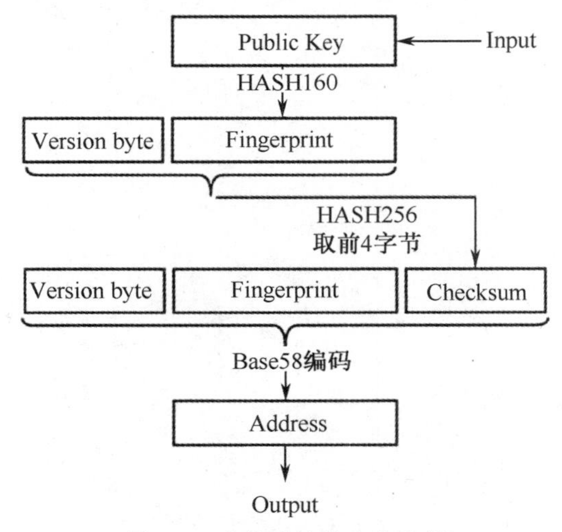

图 1-1 比特币地址生成流程

（1）使用 SHA256、RIPEMD160 等哈希算法、Base58 编码对给定公钥生成地址。

（2）给定公钥：

```
public key 1: 02b1ebcdbac723f7444fdfb8e83b13bd14fe679c59673a519df6a1038c07b719c6
public key 2: 036e69a3e7c303935403d5b96c47b7c4fa8a80ca569735284a91d930f0f49afa86
```

提示： 比特币中有两种复合式的哈希函数，分别为：① HASH160，即先对输入做一次 SHA256，再做一次 RIPEMD160；② HASH256，即先对输入做一次 SHA256，再做一次 SHA256。本实验要求的 version byte 为 0x6f（对应比特币的测试网络 testnet3）。

2．Merkle 树结构的实现

Merkle 树是比特币中用来存储交易单的一种数据结构。Merkle 树是一种二叉树，所有叶子节点均为交易数据块，而非叶子节点存储了该节点的两个子节点的 Hash 值，经过层层传递，最终得到根节点的 Hash 值。这样，当任何叶子节点的交易数据发生改变时，都会导致根节点的 Hash 值的改变，这对于验证和定位被修改的交易十分高效，如图 1-2 所示。

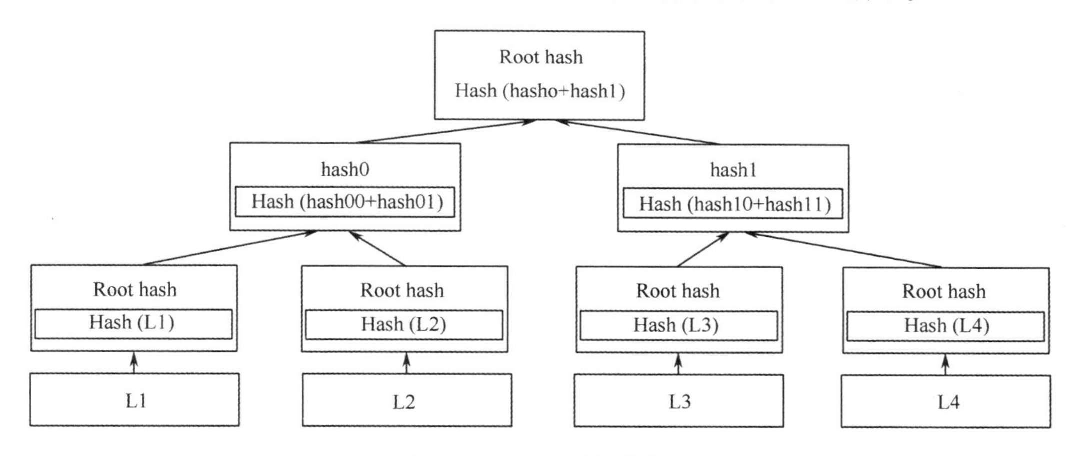

图 1-2　Merkle 树的结构

（1）请用 Go 语言实现一棵叶子节点数为 16 的 Merkle 树，并在叶子节点中存储任意字符串，并在所有非叶子节点中计算相应 Hash 值。

（2）请将上一步生成的 Merkle 树任一叶子节点中的数据进行更改，并重新生成其余 Hash 值。利用 Merkle 树的特点对该修改位置进行快速定位，即设计函数：

```
func compareMerkleTree(*MTree tree1, *MTree tree2) (int index) {
}
```

1.2.5　实验报告

将上述两个 Go 语言程序的代码和输出结果写进实验报告。

【思考题】

观察比特币地址的生成结果，思考 Base58 编码的本质是什么？为什么是“58”呢？

1.3 使用 Go 语言构建区块

1.3.1 实验目的

（1）掌握区块链中区块的基本结构及各部分的作用。

（2）使用 Go 语言构建简单的区块，加强工程认知。

1.3.2 原理简介

区块链的基本构成单位是区块，区块又分为区块头和区块体两部分。我们实现的简单区块链则是按照上述分类，用以下字段构成的。

- 字段 Time：当前时间戳，也就是区块创建的时间，数据类型为 int64。
- 字段 PrevHash：前一个块的 Hash 值，即父哈希，数据类型为[]byte。
- 字段 Hash：当前块的 Hash 值，数据类型为[]byte。
- 字段 Data：区块存储的实际有效信息，也就是交易，数据类型为[]byte。

其中，Timestamp、PrevHash、Hash 属于区块头，Data 则属于区块体。Data 实际是区块链中的“交易（Transaction）”字段，目前暂时不会涉及太复杂的结构，我们只需要知道 Data 是一串字符信息即可。字段 Hash 表示当前区块的 Hash 值，是由工作量证明算法计算得到的，是区块链安全性的基石，将在后续实验环节中进行介绍。

1.3.3 实验环境

本实验在 1.1 节的基础上进行，必须搭建好 Go 语言环境。本实验提供了部分可能用到的代码包。

1.3.4 实验步骤

将实验文件夹下的 blockchain_demo 复制到你的$GOPATH\src\目录下，完成以下步骤。

（1）将 Block 类中的元素补充完整。

（2）将 Block.CalHash( )函数补全，实现对 Block 的 Hash 值计算。

如果能够编译输出类似如图 1-3 所示的结果，那么说明实验正确。

```
PrevHash:
Time: 2019-09-04 14:34:36
Data: Genesis Block
Hash:
0e36aec43e3fcc7468edb35b6633971b5dd72b87ce540c8f32dd3d1dc9364cc
b
Time using:  15.9588ms
```

图 1-3 构建区块的正确输出结果

1.3.5 实验报告

成功执行后，将编译结果和补全的代码写入实验报告。

1.4 使用 Go 语言实现一条区块链

1.4.1 实验目的

（1）掌握区块之间的连接方式和连接逻辑。

（2）学会使用 Go 语言实现一条区块链。

1.4.2 原理简介

下面将实现区块链。首先，新建一个 blockchain.go 文件，在其中定义 Blockchain 类。这里使用数组存储有序的区块：

```
type Blockchain struct {
    blocks []*Block
}
```

可以看到，简单区块链就是由一个 block 数组组成的。对于一条区块链来说，首先需要能够添加区块，因此要实现添加区块的方法：

```
func (bc *Blockchain) NewBlock(data string) {
    …
}
```

这里存在一个问题，添加区块的前提是要有一个已有的块，但是在初始状态下，该区块链是空的。所以，任何一个区块链中必须至少有一个块。这个块也就是区块链中的第一个块，通常被称为创世区块（Genesis Block）。因此，需要实现一个方法来创建创世区块：

```
func GenesisBlock() *Block {
    …
}
```

最后，通过以下函数来构造一条区块链（带创世区块）：

```
func NewBlockchain() *Blockchain {
    return &Blockchain{ []*Block{GenesisBlock()} }
}
```

1.4.3 实验环境

本实验在 1.3 节的基础上进行，提供了部分可能用到的代码包。

1.4.4 实验步骤

（1）将 blockchain.go 文件复制到工作目录，补全代码：添加区块函数 NewBlockchain( )和创世区块生成函数 GenesisBlock( )。

（2）修改 main( )函数为以下代码：

```
func main() {
    bc := NewBlockchain()
    bc.NewBlock("Send 1 BTC to Ivan")
    bc.NewBlock("Send 2 more BTC to Ivan")
    for _, block := range bc.blocks {
        fmt.Printf("PrevHash: %x\n", block.PrevHash)
        fmt.Printf("Data: %s\n", block.Data)
        fmt.Printf("Hash: %x\n", block.Hash)
        fmt.Println()
    }
}
```

1.4.5 实验报告

成功执行后，将编译结果和补全的代码写入实验报告。

1.5 添加工作量证明模块

1.5.1 实验目的

（1）掌握工作量证明机制的基本原理。

（2）学会添加工作量证明模块（在 1.4 节的基础上）。

1.5.2 原理简介

在上述实验中，可以看到，我们其实构建了一个简单、原始的区块链模型：每个区块都有相同的、特定的数据结构，且每个区块都与上一个生成的区块有 Hash 值的关联，因此形成了一条形式上的“区块链”。但实际上，诸如比特币、以太坊这类实际的区块链，其内部构造要复杂很多，要创建一个新的区块并不容易，需要经过区块链共识的承认。在比特币中，这被称为工作量证明，就是平时所说的通过“挖矿”来创建一个新的区块。

而这个“工作量”要求具有一定的算力，在比特币主网中，这件事情的难度是非常高的。本节的实验将实现这样一个事情。

工作量证明中有一个全局的难度值 difficulty，用来限制平均挖矿时间。在本例程中，difficulty 简单用比特数表示，如当 difficulty=20 时，要求矿工需要不断运行工作量证明的哈希算法，直到找到一个输入，使该哈希算法输出的 Hash 值的前 20 比特全为 0。如果 Hash 值以十六进制数表示，那么该值的前5位必须全为0。

```
const difficulty = 20
```

为了实现这样一个功能，首先需要构建一个ProofOfWork类：

```
type ProofOfWork struct {
    block  *Block
    target *big.Int
}
func NewProofOfWork(b *Block) *ProofOfWork {
    targetHash := big.NewInt(1)
    targetHash.Lsh(target, uint(256-difficulty))
    return &ProofOfWork{b, targetHash}
}
```

此前区块的Hash值是通过Hash = SHA256(PrevHash + Time + Data)来计算的，但是根据工作量证明算法的要求，需要获得满足特定条件的Hash值（本实验中为Hash值的前有多少个0）。比特币中使用的是Hashcash算法，具体可分为以下步骤：

（1）选择部分公开数据（比特币中选择的是区块头；Hashcash算法最初被设计出来是防止垃圾邮件的，故选择的是邮箱地址）。

（2）在该公开数据后连接一个nonce。nonce为一个计数器，其值从0开始，不断计数。

（3）将Data+nonce用Hash函数进行计算。

（4）检查Hash值是否在给定范围内，如果在，则证明结束；如果超出范围，则增加nonce值。重复步骤（3）～（4）。

这个算法要求证明者不断计算，直至得到某个nonce值，使得最终的运算结果落在该Hash函数的值域的一小块范围内。这是一个暴力算法。这个范围划定的越小，难度就越高，因此需要更高的成本和更多的算力。

对于本例程，首先需要准备用来计算Hash值的数据：

```
func (pow *ProofOfWork) dataPreprocess(nonce int) []byte {
    data := bytes.Join(
        [][]byte {
            pow.block.PrevHash,
            pow.block.Data,
            IntToHex(pow.block.Time),
            IntToHex(int64(targetBits)),
            IntToHex(int64(nonce)),
        },
        []byte{ },
    )
    return data
}
```

这部分比较直观：只需将区块的一些数据与nonce进行合并，形成一个大的byte数组。

下面需要实现Hashcash算法：对nonce从0开始进行遍历，计算每次获得的Hash值是否满足条件。

```
func (pow *ProofOfWork) Mine() (int, []byte) {
    var hashInt big.Int
    var hash [32]byte
    nonce := 0
    fmt.Printf("Mining the block containing \"%s\"\n", pow.block.Data)
    fmt.Printf("\r%x", hash)
    fmt.Print("\n\n")
    return nonce, hash[:]
}

func (pow *ProofOfWork) Validate() bool {
    var hashInt big.Int
    bool isValid
    return isValid
}
```

其中，Mine( )函数用于进行PoW（Proof of Work，工作量证明）算法，Validate( )函数用于对区块中的Hash值进行验证。最后需要对Block类进行修改，将nonce添加至Block类的结构，并修改SetHash( )函数，使其调用PoW算法获得Hash值。

1.5.3 实验环境

本实验在1.4节的基础上进行，提供了部分可能用到的代码包。

1.5.4 实验步骤

（1）从实验文件夹下将其中的文件复制至工作目录，补全Mine( )函数和Validate( )函数的代码。

（2）修改Block类，使其Hash计算方法变为PoW算法。

（3）在main( )函数中添加对区块Hash值的PoW验证。

1.5.5 实验报告

成功执行后，将编译结果和补全的代码写入实验报告。

【思考题】

工作量证明中的difficulty值会怎样影响工作量证明的计算时间？

1.6 阅读代码：添加数据库

1.6.1 实验目的

（1）了解 Go 语言中 BoltDB 数据库的原理。

（2）训练阅读代码的能力。

1.6.2 原理简介

之前的代码中使用 Go 语言的结构体变量来存储所有的区块信息，当程序执行时，这些变量被临时保存在内存中。这将面临两个问题：首先，当程序运行结束时，内存被释放，目前保存的所有信息都将清空；其次，真正的区块链其数据量是 GB 级计算且不断增长的，不可能全部存在内存中。因此，我们需要考虑将区块链的数据持久化存储，程序只提供写入和读取的功能。我们选用纯键值数据库对 BoltDB，主要优点是基于 Go 语言实现，且是 NoSQL 型数据库。

1．存储结构

首先，需要明确数据库的结构。比特币核心钱包使用了两个 bucket 对数据进行存储：一个 bucket 是区块（block），用来存储每个区块的元数据；另一个 bucket 是区块链状态(chainstate)，用于存储状态信息，如未花费的交易输出等。本实验仅用到区块。

此外，本实验实现的区块链功能较为基础，只用到了两个键值对：32 字节→block，l→链顶区块的 Hash 值。

2．序列化和反序列化

区块链信息在代码中是以结构体的形式存在的，但是存储到数据库则只能用[]byte 形式。所以在存储和读取的过程中，序列化和反序列化是必不可少的。

在 Block 类中添加以下代码：

```
func (b *Block) Serialize() []byte {
    var result bytes.Buffer
    encoder := gob.NewEncoder(&result)
    err := encoder.Encode(b)
    return result.Bytes()
}

func DeserializeBlock(d []byte) *Block {
    var block Block
    decoder := gob.NewDecoder(bytes.NewReader(d))
    err := decoder.Decode(&block)
    return &block
}
```

3．存入数据库

上述实验中，调用 NewBlockchain 会生成新的 Blockchain 实例，并执行 GenesisBlock 方法创建创世区块。而在加入数据库后，会增加读取数据库的操作：

(1) 打开目标数据库文件。

(2) 检查是否存在一个区块链。

(3) 如果存在，那么对其创建 Blockchain 实例，将 Blockchain 中的 tip 值设置为从数据库 keyl 读取到的最后一个区块的 Hash 值；如果不存在，那么创建创世区块，存储至数据库，把 keyl 对应的 value 值设为创世区块的 Hash 值。将上述区块链创建 Blockchain 实例，设置 tip 值为创世区块的 Hash 值。

因此，我们需要对 Blockchain 中的 NewBlockchain( )和 NewBlock( )函数进行大幅修改。

4．检查区块链

显然，将区块链存入数据库后，紧接着面临的问题是如何查看链上的区块信息。接下来，我们将通过 BoltDB 对 bucket 中存储的数据按 key 值进行迭代。通常情况下，区块链中的数据大到 GB 级，因此不可能一次全部读入内存，我们将实现一个迭代器 BlockchainIterator，来依次读取它们。Blockchain 的 Iterator( )方法可以创建一个迭代器，迭代器会连接数据库 db，并将当前迭代到的区块的 Hash 值作为标记记录：

```
type BlockchainIterator struct {
    currentHash []byte
    db *bolt.DB
}
func (bc *Blockchain) Iterator() *BlockchainIterator {
    bci := &BlockchainIterator{bc.tip, bc.db}
    return bci
}
```

BlockchainIterator 会不断执行 Next( )函数，返回下一个区块。

```
func (i *BlockchainIterator) Next() *Block {
    var block *Block
    err := i.db.View(func(tx *bolt.Tx) error {
        b := tx.Bucket([]byte(blocksBucket))
        encodedBlock := b.Get(i.currentHash)
        block = DeserializeBlock(encodedBlock)
        return nil
    })
    i.currentHash = block.PrevBlockHash
    return block
}
```

最后，需要重新修改 main( )函数：

```go
func main() {
    t := time.Now()
    bc := NewBlockchain()
    bc.AddBlock("Send 1 BTC to Ivan")
    bc.AddBlock("Send 2 more BTC to Ivan")
    bci := bc.Iterator()

    for {
        block := bci.Next()
        fmt.Printf("Prev. hash: %x\n", block.PrevBlockHash)
        fmt.Printf("Data: %s\n", block.Data)
        fmt.Printf("Hash: %x\n", block.Hash)
        pow := NewProofOfWork(block)
        fmt.Printf("PoW: %s\n", strconv.FormatBool(pow.Validate()))
        fmt.Println()

        if len(block.PrevBlockHash) == 0 {
            break
        }
    }
    fmt.Println("Time using: ", time.Since(t))
}
```

1.6.3 实验环境

本实验在1.5节的基础上进行，提供了部分可能用到的代码包。

1.6.4 实验步骤

从实验文件夹中，将其中的文件复制至工作目录，并将github.com文件夹复制至$GOPATH/src/文件夹。程序调试通过后，阅读代码，并回答以下问题（本节无代码部分）：

（1）为什么需要在Block类中添加Serialize( )和DeserializeBlock( )这两个函数？它们的作用主要是什么？

（2）描述NewBlockchain( )和NewBlock( )函数的执行逻辑。

（3）Blockchain中的tip变量的作用是什么？

1.6.5 实验报告

程序调试通过后，将上述问题的答案写入实验报告。

【思考题】

迭代器Interator是如何工作的，使得我们能够从数据库中遍历出区块信息？

1.7　拓展实验：添加命令行接口

目前，我们只是在 main( )函数中简单执行了 NewBlockchain 和 bc.NewBlock 函数。明显，这并不像一个完整的程序，我们希望得到如图 1-4 所示的效果，有兴趣的读者可以尝试。

```
$ ./blockchain_go listblocks
No existing blockchain found. Creating a new one...
Mining the block containing "Genesis Block"
000000edc4a82659cebf087adee1ea353bd57fcd59927662cd5ff1c4f618109b

Prev. hash:
Data: Genesis Block
Hash: 000000edc4a82659cebf087adee1ea353bd57fcd59927662cd5ff1c4f618109b
PoW: true

$ ./blockchain_go newblock -data "Send 1 BTC to Ivan"
Mining the block containing "Send 1 BTC to Ivan"
000000d7b0c76e1001cdc1fc866b95a481d23f3027d86901eaeb77ae6d002b13

Success!

$ ./blockchain_go listblocks
Prev. hash: 000000edc4a82659cebf087adee1ea353bd57fcd59927662cd5ff1c4f618109b
Data: Send 1 BTC to Ivan
Hash: 000000d7b0c76e1001cdc1fc866b95a481d23f3027d86901eaeb77ae6d002b13
PoW: true

Prev. hash:
Data: Genesis Block
Hash: 000000edc4a82659cebf087adee1ea353bd57fcd59927662cd5ff1c4f618109b
PoW: true
```

图 1-4　拓展实验效果举例

可能用到的工具：命令行参数相关（os.Args，标准库 flag 中的 NewFlagSet 等）。

1.8　本章实验报告模板

读者在做本章实验时应及时记录实验结果，建议撰写实验报告，对实验进行总结和思考。本章实验报告模板如下。

类型	实验报告内容
问答题	1．简要回答 Go 语言环境的配置过程（任意操作系统均可）。

<table>
<tr><td rowspan="3">问答题</td><td colspan="2">2．简述一条区块链的创世区块主要包括的内容。</td></tr>
<tr><td colspan="2">3．根据实验过程，总结 Go 语言工程文件夹和主要文件夹的作用。</td></tr>
<tr><td colspan="2">4．简述 BoltDB 数据库的原理。</td></tr>
<tr><td rowspan="5">实验过程记录</td><td colspan="2">1．Go 语言环境的配置。</td></tr>
<tr><td>配置成功的截图</td><td></td></tr>
<tr><td colspan="2">2．Go 语言入门。</td></tr>
<tr><td colspan="2">（1）简述比特币地址的生成流程，记录代码和运行结果。</td></tr>
<tr><td>比特币地址
的生成流程</td><td></td></tr>
</table>

<table>
<tr><td rowspan="5">实验过程记录</td><td>所写代码</td><td></td></tr>
<tr><td>运行结果截图</td><td></td></tr>
<tr><td colspan="2">（2）简述 Merkle 树的构造过程，记录代码和运行结果。</td></tr>
<tr><td>Merkle 树的构造过程</td><td></td></tr>
<tr><td>所写代码</td><td></td></tr>
</table>

<table>
<tr><td rowspan="6">实
验
过
程
记
录</td><td>运行结果截图</td><td></td></tr>
<tr><td colspan="2">3．使用 Go 语言构建区块。
将 Block 类中元素补充完整；将 Block.CalHash( )函数补全，实现对 Block 的 Hash 计算；记录代码和运行结果。</td></tr>
<tr><td>所写代码</td><td></td></tr>
<tr><td>运行结果截图</td><td></td></tr>
<tr><td colspan="2">4．使用 Go 语言实现一条链。
添加区块函数 NewBlockchain( )和创世区块生成函数 GenesisBlock( )，记录代码和运行结果。</td></tr>
<tr><td>所写代码</td><td></td></tr>
</table>

<table>
<tr><td rowspan="7">实验过程记录</td><td>运行结果截图</td><td></td></tr>
<tr><td colspan="2">5．添加工作量证明模块。
完成 Mine( )函数和 Validate( )函数；修改 Block 类，使其 Hash 计算方法变为工作量证明算法；在 main( )函数中添加对区块 Hash 值的 PoW 验证。记录代码和运行结果。</td></tr>
<tr><td>所写代码</td><td></td></tr>
<tr><td>运行结果截图</td><td></td></tr>
<tr><td colspan="2">6．阅读代码：添加数据库。</td></tr>
<tr><td colspan="2">（1）为什么需要在 Block 类中添加 Serialize( )和 DeserializeBlock( )两个函数？它们主要做了什么？</td></tr>
</table>

<table>
<tr><td rowspan="7">实
验
过
程
记
录</td><td colspan="2">（2）描述 NewBlockchain( )和 NewBlock( )的执行逻辑。</td></tr>
<tr><td colspan="2">（3）Blockchain 类中的 tip 变量是做什么用的？</td></tr>
<tr><td colspan="2">7．拓展实验：添加命令行接口。</td></tr>
<tr><td>实验原理</td><td></td></tr>
<tr><td>主要步骤</td><td></td></tr>
<tr><td>关键步骤截图</td><td></td></tr>
<tr><td>实验结果分析</td><td></td></tr>
</table>

第 2 章　比特币客户端与回归测试网络

区块链技术需要协调一个庞大的去中心化网络，以实现功能复杂的分布式状态机副本，因此必然涉及频繁的指令交互。在此过程中，除了设计功能完备、高鲁棒性的客户端程序，作为构建和调试分布式系统的重要协议——RPC（Remote Procedure Control，远程过程调用）也是实现上述功能不可或缺的工具。

本章实验以比特币的开源客户端 Bitcoin Core 为例，介绍回归测试网络的搭建方法，以及 RPC 命令的使用技巧，进而可以部署一个多节点的本地区块链网络，测试区块链账本层的诸多功能。本章实验目的是加深读者对于区块链基础协议的理解，提高对于区块链功能的实践能力，实验中的基本技能也是区块链复杂协议调试过程中的必备知识。

在本章实验中，要求完成的内容如下：

❖ 掌握 Bitcoin Core 的基础知识、安装和配置方法。

❖ 利用 Bitcoin Core 搭建多节点回归测试网络，实现挖矿和交易。

❖ 了解 RPC 的作用，通过控制台与测试链进行更丰富的交互。

❖ 扩展训练，利用回归测试网络模拟并测试复杂的区块链状态和功能（如分叉、多签交易、局域网联机测试等）。

2.1　Bitcoin Core 的安装和配置

2.1.1　实验目的

（1）掌握比特币客户端 Bitcoin Core 的基本原理知识。

（2）掌握比特币客户端 Bitcoin Core 的安装与配置方法。

2.1.2　原理简介

Bitcoin Core 是比特币官方开发的节点客户端，提供了成为全节点所需的全面功能，并为比特币的开发、测试和实际运行提供了友好的工具，包含 3 个主要程序。

① bitcoin-qt：封装了完整的比特币全节点，并提供了一个带有 GUI 的钱包程序，可以实现交易数据可视化。钱包的“帮助”菜单中提供了控制台，以发布多类 RPC 命令，对普通用

户更加友好。

③ bitcoind：提供了一个轻量级的封装好的比特币全节点，在部署后，可以通过向其发布RPC命令与之交互，对开发者更加友好。

④ bitcoin-cli：提供了通过命令行全节点发送RPC命令的功能，一般用于与bitcoind配合进行调试。

2.1.3 实验环境

本实验在PC机上即可进行，操作系统可以是Windows 10或Linux。注意，在Linux系统中实验的部署方法类似甚至更方便，增加了对于-daemon命令（后台运行）的支持。

2.1.4 实验步骤

1．Bitcoin Core的安装

(1) 安装预发放的压缩包中bitcoin-0.15.2-win64-setup.exe（Bitcoin Core 0.15.2），各版本安装包请访问比特币官方网站。

注意：因为Bitcoin Core 0.17.0版本中废除了一些对于用户友好的RPC调试命令和大量可在回归模式中使用的环境配置命令，限制了测试的自由度，故不推荐使用最新版本的比特币客户端（如Bitcoin Core 0.18.x）。

在安装过程中，要记住软件的安装路径（用于配置系统环境），如果出现防火墙对于网络连接的弹窗，请单击“确定”按钮，以确保客户端具备完整的网络功能，如图2.1所示。

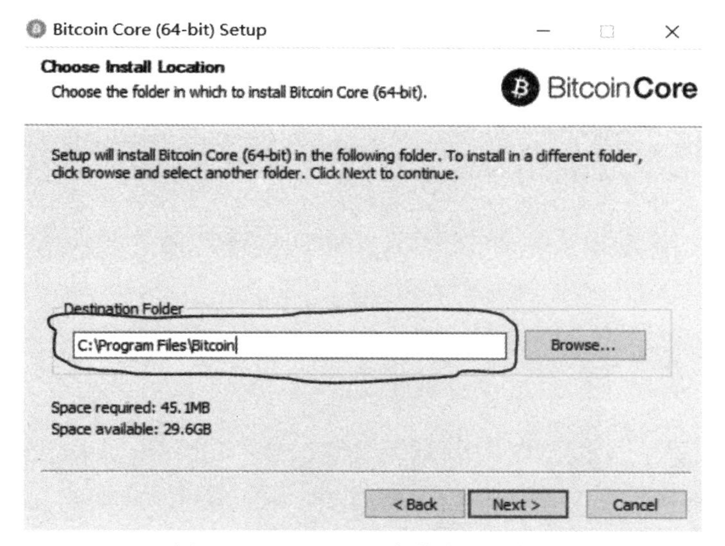

图2-1　Bitcoin Core安装路径的选择

(2) Bitcoin Core的daemon文件夹下包含了其他两个主要程序（bitcoind和bitcoin-cli），如图2-2所示。

名称	修改日期	类型	大小
bitcoin-cli.exe	2018/9/19 19:32	应用程序	2,926 KB
bitcoind.exe	2018/9/19 19:32	应用程序	10,017 KB

图 2-2　Bitcoin Core 的 daemon 文件夹

(3) 由于本实验需要通过大量命令行调用以上程序，为了避免频繁地切换路径，最好的办法是将以上路径加入系统环境变量，具体操作如下。

在“文件资源管理器”的左栏，右键单击“此电脑”，在弹出的快捷菜单中选择“属性”，在弹出的“系统”界面中选择“高级系统设置”，然后选择“环境变量”。这里选择“系统变量”，找到“Path”项，单击“编辑”按钮。

单击“新建”按钮，将比特币安装路径和比特币安装路径\daemon\添加到环境变量中，如图 2-3 所示，并依次单击“确定”和“应用”按钮，关闭上述选项卡。

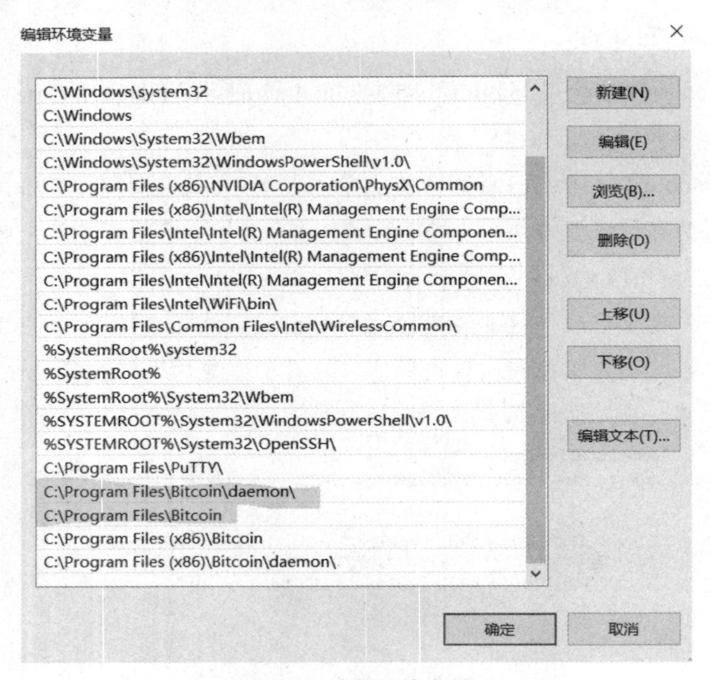

图 2-3　编辑环境变量

(4) 下面检测环境变量配置是否成功。按 Win+R 组合键，弹出“运行”界面，调出 CMD 命令行，输入

```
bitcoind -version
```

命令，出现版本号即为配置成功，如图 2-4 所示。

2．bitcoind 的配置

(1) 比特币客户端的配置可以通过在命令行命令中赋值选项参数的方法进行配置。打开命令行，输入如下命令：

```
C:\Users\vivid>bitcoind -version
Bitcoin Core Daemon version v0.15.2
Copyright (C) 2009-2017 The Bitcoin Core developers

Please contribute if you find Bitcoin Core useful. Visit
<https://bitcoincore.org> for further information about the software.
The source code is available from <https://github.com/bitcoin/bitcoin>.

This is experimental software.
Distributed under the MIT software license, see the accompanying file COPYING
or <https://opensource.org/licenses/MIT>

This product includes software developed by the OpenSSL Project for use in the
OpenSSL Toolkit <https://www.openssl.org> and cryptographic software written by
Eric Young and UPnP software written by Thomas Bernard.
```

图 2-4　Bitcoin core 环境变量配置成功页面

```
bitcoind -h
```

即可查阅所有的命令，结果如图 2-5 所示。

```
Connection options:

  -addnode=<ip>
       Add a node to connect to and attempt to keep the connection open

  -banscore=<n>
       Threshold for disconnecting misbehaving peers (default: 100)

  -bantime=<n>
       Number of seconds to keep misbehaving peers from reconnecting (default:
       86400)

  -bind=<addr>
       Bind to given address and always listen on it. Use [host]:port notation
       for IPv6

  -connect=<ip>
       Connect only to the specified node(s); -connect=0 disables automatic
       connections

  -discover
       Discover own IP addresses (default: 1 when listening and no -externalip
       or -proxy)

  -dns
       Allow DNS lookups for -addnode, -seednode and -connect (default: 1)

  -dnsseed
       Query for peer addresses via DNS lookup, if low on addresses (default: 1
       unless -connect used)
```

图 2-5　查询 bitcoind 所有的指令

不过，每次重复输入已有的配置相对低效，更常用的手段是，将配置信息写入配置文件 bitcoin.conf，再通过命令行中的“-datadir=<file>”命令，输入配置文件的路径进行读取。比特币客户端在 Windows 下的默认读取路径为“%APPDATA%\Bitcoin\”。

（2）尝试打开以上路径，新建文件 bitcoin.conf，通过常用文本编辑器进行编辑（如果没有，则用系统自带的记事本也可以），在文件第 1 行添加“regtest=1”，保存后调出 CMD 命令行，运行“bitcoind”命令，观察 daemon 文件夹的变化。

3．bitcoin.conf 的配置

如果希望配置个性化的回归测试网络，就需要熟悉 bitcoin.conf 常用配置命令。打开实验预习材料中的 example_bitcoin.conf，我们可以学习常用的命令，并在后续实验中随时查询。

下面着重介绍一些至关重要的命令。

（1）regtest=1

开启回归测试网络的关键命令，若遗漏，则会自动连入主网，开始同步高达 GB 的区块数据。

（2）port= XXX

这条命令用来配置节点连接时使用的网络端口，回归测试下默认为 18444。如果设置多个节点同时运行，则需要自定义配置不同的端口，尽量避免与系统已有的服务发生冲突。

（3）connect=<ip:port>和 addnode=<ip:port>

二者都是手动添加已知节点的手段，区别是：connect 命令配置后，节点将只从配置的特定地址接收数据，拒绝其他节点的连接，而 addnode 命令没有此类限制。addnode 命令的 IP 地址在回归测试中一般设定为系统默认回送地址，即 127.0.0.1。

（4）server=0/1

这条命令用来配置节点是否作为服务节点，即是否接受 RPC 命令，默认值为 1，因此不用额外配置。

（5）rpcport=XXX

这条命令配置 RPC 命令的监听端口。同样，如果设置多个节点同时运行，则需要自定义配置不同的端口，尽量避免与系统已有的服务发生冲突。

（6）rpcuser=XXX 和 rpcpassword=XXX

这条命令用来设定 RPC 的访问用户名和密码，是安全使用 RPC 命令的必备命令。即使是节点也不会希望自己的客户端莫名接受了他人的命令，从而失去钱包中的所有代币。

配合以上命令，在回归测试网络中建立 3 个节点：alice，bob，network，并使它们相互连接，可以进行交互。

提示：

① 在 %APPDATA%\Bitcoin\ 文件夹下，建立 3 个文件夹（即 3 个节点）。每个文件夹中分别建立一个 bitcoin.conf 文件，并进行配置。3 个节点皆配置完成后，依次通过命令行输入“bitcoind -conf=%APPDATA%\Bitcoin\文件名”启动 3 个全节点（命令行打开后不要关闭，否则节点将停止运行）。

② 如果 3 个节点连接正常，则打开任意一个节点的日志时，都会出现两条类似如下节点成功连接的提示信息：

```
receive version message: /Satoshi:0.15.2/: version 70015, blocks= , us=[::]:0, peer=0\
```

③ 可能出现的问题。分配给节点的端口被其他程序占用，可以通过以下命令尝试解决：

- netstat -ano，查询所有已被占用的端口号和相应进程。
- netstat -ano|findstr "port"，查询某个端口是否被占用。
- taskkill -f /pid port，通过 port 结束在此 port 下运行的某个进程。

2.1.5 实验报告

总结 Bitcoin Core 安装和配置的主要过程，写入实验报告；同时，在实验报告中回答下述思考题。

【思考题】

在正常情况下，比特币的回归测试模式被激活，bitcoind 建立了一个全节点，可以发现默认路径下出现了 regtest 文件夹，其中的前 3 个文件夹分别对应记录了该节点存储的区块数据、链上交易状态、钱包的配置状态。打开 debug.log，便可以阅读在这次测试过程中的调试日志信息。

解读当前日志信息，回答以下问题：

（1）测试中为存储链上交易状态初始化的数据空间是多少？

（2）初始化过程中，节点钱包密钥池最终保存了多少对密钥？

（3）简述回归测试模式下程序添加 P2P 节点的步骤。

2.2 远程调用搭建回归测试网络

2.2.1 实验目的

（1）掌握 RPC 调用的原理。

（2）掌握常用 RPC 命令。

（3）利用回归测试网络实现挖矿与交易。

2.2.2 原理简介

1．RPC

RPC 用来进行网络环境下对象之间的消息传递工作，传递调用的语义和数据，并从远程计算机程序上请求服务，调用该计算机上提供的函数或方法。

在经典场景下，RPC 最多应用于客户端与服务器端之间的交互。在区块链网络中，由于所有的全节点都是对称的，无论是轻节点还是全节点，本身在发送一条 RPC 命令时，都需要将该指令广播给尽可能多的全节点，每个节点按照最新的区块链状态独立验证并处理该命令，最终通过区块链的共识算法完成对于该命令执行结果的共识。

2．Bitcoin 支持的部署类型

主链模式（Mainnet Mode）：原生态的区块链网络，运行需要庞大的存储、通信和算力开销，其中流通的代币具备经济价值。

测试网络模式（Testnet Mode）：由热心开发者组成的全球测试环境，用于在真实的分布式场景下对区块链进行测试，其网络拓扑与区块产生过程都与主链类似，其差别是代币没有任何

价值。

回归测试模式（Regtest Mode）：用于开发者测试区块链功能的本地测试环境，测试者具备完整的权限，可以通过指令随意产生区块、创建没有实际价值的代币或测试任何区块链的实际功能。

以上模式的切换由改写比特币的配置文件的相关参数进行控制。

2.2.3 实验环境

本实验在 PC 机上即可进行，操作系统可以是 Windows 10 或 Linux。

2.2.4 实验步骤

1．搭建多节点回归测试网络

(1) 借助前面建立的回归测试网络，我们可以采用 bitcoin-cli 向相关节点发布 RPC 命令与测试链进行交互。新打开一个命令行，输入如下命令，查看工具的使用方法。

```
bitcoin-cli -h
```

(2) 在每次使用 bitcoin-cli 时，同样需要使用“-datadir=<dir>”标记配置文件的路径，再承接要发送的 RPC 命令。例如，对于节点 alice，我们希望查询其视角内与之相连的节点信息，则应该输入：

```
bitcoin-cli -datadir=%appdata%\bitcoin\alice\ getpeerinfo
```

若回归网络建立正常，则应返回 JSON 格式的节点信息，如图 2-6 所示。

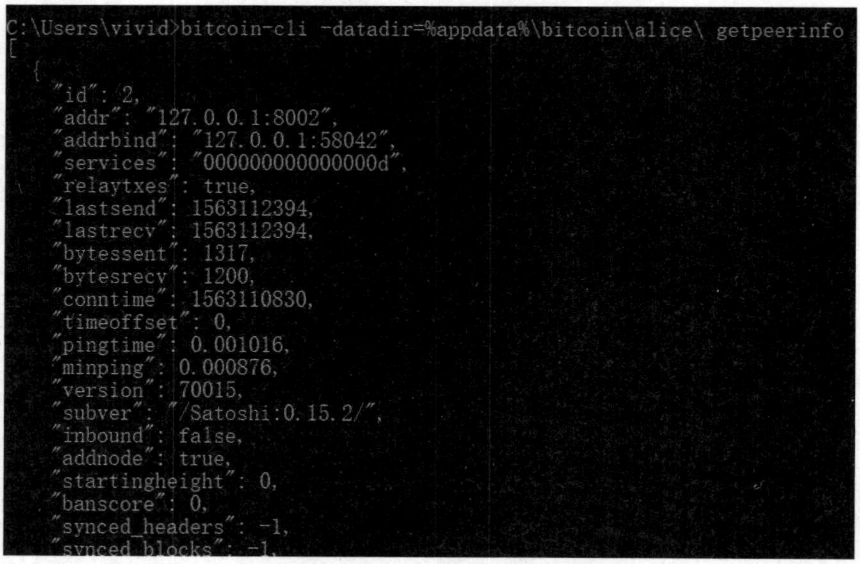

```
C:\Users\vivid>bitcoin-cli -datadir=%appdata%\bitcoin\alice\ getpeerinfo
[
  {
    "id": 2,
    "addr": "127.0.0.1:8002",
    "addrbind": "127.0.0.1:58042",
    "services": "000000000000000d",
    "relaytxes": true,
    "lastsend": 1563112394,
    "lastrecv": 1563112394,
    "bytessent": 1317,
    "bytesrecv": 1200,
    "conntime": 1563110830,
    "timeoffset": 0,
    "pingtime": 0.001016,
    "minping": 0.000876,
    "version": 70015,
    "subver": "/Satoshi:0.15.2/",
    "inbound": false,
    "addnode": true,
    "startingheight": 0,
    "banscore": 0,
    "synced_headers": -1,
    "synced_blocks": -1,
```

图 2-6 回归网络建立正常

(3) 由于涉及多次输入命令，每次都要输入路径是非常麻烦的事情。我们可以通过自定义命令来极大地简化这一步骤。在 Windows 系统下，在任意文件夹下建立 regtest.bat 文件，用文本编辑器打开它，写入如下命令行：

```
@DOSKEY alice-cli=bitcoin-cli -regtest -datadir=%appdata%\bitcoin\alice $*
```

再写入注册表使其自动运转，即可以“alice-cli + rpc”命令代替原来的命令。这对 bitcoind 和 bitcoin-qt 同样适用。

其中，DOSKEY 相当于 Linux 中的 alias；$*表示这个命令还可能有其他参数；@则表示执行这条命令时不显示这条命令本身。

（4）regtest 指令的优化。我们将以下命令复制到 regtest.bat 中保存。

```
@DOSKEY alice-d=bitcoind -regtest -datadir=%appdata%\bitcoin\alice $*
@DOSKEY bob-d=bitcoind -regtest -datadir=%appdata%\bitcoin\bob $*
@DOSKEY network-d=bitcoind -regtest -datadir=%appdata%\bitcoin\network $*
@DOSKEY alice-cli=bitcoin-cli -regtest -datadir=%appdata%\bitcoin\alice $*
@DOSKEY bob-cli=bitcoin-cli -regtest -datadir=%appdata%\bitcoin\bob $*
@DOSKEY network-cli=bitcoin-cli -regtest -datadir=%appdata%\bitcoin\network $*
@DOSKEY alice-qt=bitcoin-qt -regtest -datadir=%appdata%\bitcoin\alice $*
@DOSKEY bob-qt=bitcoin-qt -regtest -datadir=%appdata%\bitcoin\bob $*
@DOSKEY network-qt=bitcoin-qt -regtest -datadir=%appdata%\bitcoin\network $*
```

（5）按 Win+R 组合键，在打开的对话框中输入“regedit”，进入注册表，找到 HKEY_LOCAL_MACHINE\Software\Microsoft\Command Processor，单击右键，在弹出的快捷菜单中选择“新建”→“字符串值”，设置名为 AutoRun、值为 regtest.bat 的绝对路径。保存后退出，即可完成对命令的优化。

（6）下面采用回归测试网络进行测试链的挖矿和交易。

打开命令行输入如下命令：

```
alice-cli generate 1
```

我们使用节点 alice 产生一个区块，命令行返回为该区块的地址。复制该地址，使用 getblock "blockid"命令便可以查询整个区块的数据，使用 gettransaction "txid"命令则可以查询任意一个交易，如图 2-7 所示。

（7）使用 getbalance 命令可以查询账户的余额，getnewaddress 则可以为本账户衍生新的地址。尝试以上命令，我们可以发现 alice 挖矿的收益并未纳入其账户余额中，这是由于比特币规定挖矿的收入只有在经过 100 次确认后方可花费，所以让 alice 拿到第一笔 50 BTC 收入的方法只有通过命令再生成额外的 100 个区块。

（8）将一定数额的代币发送到特定地址，则可以使用 sendtoaddress "address" amount 命令完成。一般默认交易获得 6 个确认后即能视为可安全花费。

（9）灵活运用以上命令，使用 bitcoin-cli 完成以下任务。

① 为 alice 生成至少 150 BTC 的可用余额。

```
C:\Users\vivid>alice-cli getblock 203dff355a2a58232912d9643027546bd5f9166b2ebeb06c7f32fce0bb197df0
{
  "hash": "203dff355a2a58232912d9643027546bd5f9166b2ebeb06c7f32fce0bb197df0",
  "confirmations": 1,
  "strippedsize": 226,
  "size": 226,
  "weight": 904,
  "height": 1,
  "version": 536870912,
  "versionHex": "20000000",
  "merkleroot": "21cf621368bb91197a9086135c4a6f336025497e7ba5ac510368aa0b64d85257",
  "tx": [
    "21cf621368bb91197a9086135c4a6f336025497e7ba5ac510368aa0b64d85257"
  ],
  "time": 1563114036,
  "mediantime": 1563114036,
  "nonce": 0,
  "bits": "207fffff",
  "difficulty": 4.656542373906925e-010,
  "chainwork": "0000000000000000000000000000000000000000000000000000000000000004",
  "previousblockhash": "0f9188f13cb7b2c71f2a335e3a4fc328bf5beb436012afca590b1a11466e2206"
}
```

图 2-7　使用 getblock "blockid"命令查询区块的数据

② 生成交易，由 alice 支付给 bob 2.5 BTC，支付给 network 1.5 BTC，并使交易入块，获得确认。

③ 展示时，分别用命令获取 bob 和 network 的余额，并显示承载上述关键交易的区块原始数据。

2．通过控制台与测试链进行更加丰富的交互

下面来学习 bitcoin-qt 的使用方法。

关闭之前打开的运行 bitcoind 的命令行，使用预设的“alice-qt”命令，打开 alice 的 qt 客户端，如图 2-8 所示。可以发现，钱包记录了刚刚发生的收款交易，但余额的显示似乎有一些问题。这主要是因为其余两个全节点未上线，造成了数据同步异常。

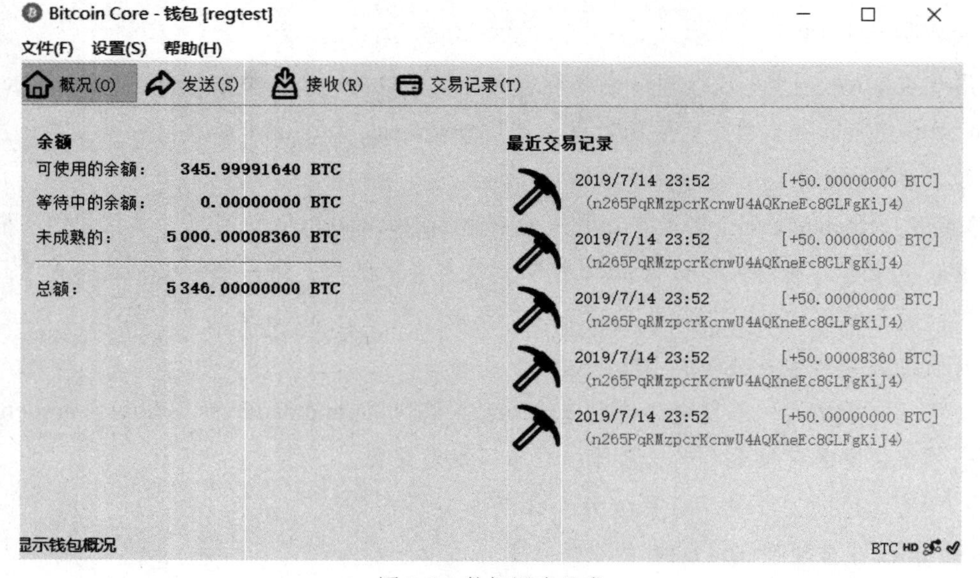

图 2-8　数据同步异常

（1）我们用同样的方式打开 bob 和 network 的 qt 客户端，并选择任意节点的“钱包”→“帮助”→“调试窗口”，切换到“控制台”菜单下，输入“getbalance”命令，便可使前端更新正确的余额。单击调试窗口的“同伴”选项，可以看到客户端正在连接的节点信息。这里可以方便地设置连接的黑名单、白名单，而“网络流量”选项卡则可以用于实时检测钱包的网络流量，如图 2-9 所示。

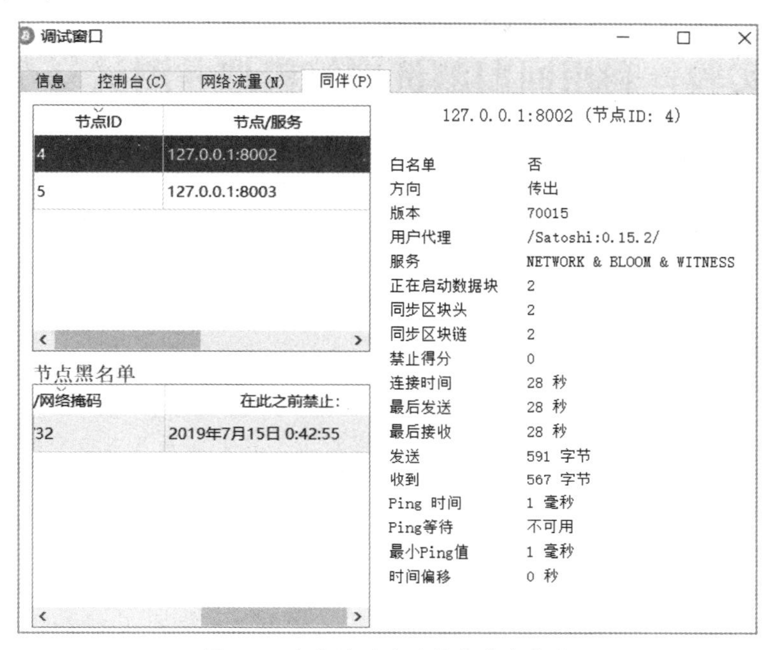

图 2-9　客户端正在连接的节点信息

（2）在控制台中输入“help”命令，可以看到钱包支持的所有 RPC 命令，“help+”命令还能得到不熟悉的命令的详细用法。所有 RPC 命令都可以在控制台中进行发送，这与 bitcoin-cli 的功能完全相同。

（3）在主界面中，钱包端提供了一些对用户更友好的功能，包括地址簿、方便的收付款功能、对于交易费用的调节、交易的提醒、交易记录的查询、钱包的加密、备份等。每个功能都有详细的说明，请大家自行选择功能，进行体验和学习。

（4）综合利用控制台的 help 功能，学习并完成如下任务。

利用 RPC 命令，将如下交易源数据解析为 JSON 格式：

```
010000000156211389e5410a9fd1fc684ea3a852b8cee07fd15398689d99441b98bfa76e290000000000fff
fffff028096980000000000001976a914fdc7990956642433ea75cabdcc0a9447c5d2b4ee88acd0e896000000
00001976a914d6c492056f3f99692b56967a42b8ad44ce76b67a88ac00000000
```

并回答：该交易的输入、输出情况，以及该交易的数据量大小。

（5）完成：由 bob 创建一个多输入、多输出交易，同时支付给 alice 23 BTC，支付给 network 21 BTC，使该交易被确认，并在生成的区块中定位该交易，然后利用 RPC 命令解析。

提示：可以通过前端或者 RPC 命令完成。RPC 命令可以完成可视为加分项的一部分，使用这种方法的读者注意在设置输出时向自己的地址支付多余的输入额度。

2.2.5 实验报告

简要记录实验流程和问题的答案。

2.3 拓展实验：利用回归测试网络模拟并测试复杂的区块链状态与功能

以下实验为选做的拓展实验，不进行强制要求，感兴趣的读者可以尽情发挥，运用不同方法完成。

（1）拓展实验 1：合理配置 bitcoin.conf，创建一个回归测试网络，并在网络中制造分叉现象，对分叉造成的影响进行观察（提示：如制造一个脆弱的节点拓扑关系，并使得某关键节点暂时离线）。

（2）拓展实验 2：建立一个 4 节点的回归测试网络，其中任意 3 节点产生一个 2of3（即 3 个人中任意 2 人签名，交易即合法）的多签交易付给第 4 个节点 35 BTC，完成该交易并使其获得确认（提示：使用 RPC 命令 createmultisig 进行构造）。

（3）拓展实验 3：多人协作，在局域网内建立一个 3～4 人的回归测试网络，并利用钱包完成一笔带有 locktime 为 500 区块高度的多输入、多输出交易（需涉及所有节点），并使其得到确认。

2.4 本章实验报告模板

读者在做本章实验时应及时记录实验结果，建议撰写实验报告，对实验进行总结和思考。

本章实验报告模板如下。

类型	实验报告内容
问答题	1．bitcoin.conf 主要配置命令及含义是什么？
	2．如何通过 bitcoind 启动全节点？

<table>
<tr><td rowspan="9">实验过程记录</td><td colspan="2">1．Bitcoin Core 的安装和配置。
正常情况下，Bitcoin 的回归测试模式被激活，bitcoind 建立了一个全节点，可以发现默认路径下出现了 regtest 目录，其中的前三个目录分别对应记录了该节点存储的区块数据、链上交易状态和钱包的配置状态。打开 debug.log，便可以阅读在这次测试过程中的调试日志信息。
解读当前日志信息，回答以下问题：</td></tr>
<tr><td colspan="2">（1）测试中为存储链上交易状态初始化的数据空间是多少？</td></tr>
<tr><td colspan="2">（2）初始化过程中，节点钱包密钥池最终保存了多少对密钥？</td></tr>
<tr><td colspan="2">（3）简述回归测试模式下，程序添加 P2P 节点的步骤？</td></tr>
<tr><td colspan="2">2．RPC 远程调用搭建回归测试网络。</td></tr>
<tr><td colspan="2">（1）使用 bitcoin-cli 完成：为 alice 生成至少 150 BTC 的可用余额，记录所用指令和结果截图。</td></tr>
<tr><td>所用指令</td><td></td></tr>
<tr><td>结果截图</td><td></td></tr>
</table>

<table>
<tr><td rowspan="9">实验过程记录</td><td colspan="2">（2）使用 bitcoin-cli 完成：生成交易，由 alice 给 bob 支付 2.5 BTC、给 network 支付 1.5 BTC，并使交易入块获得确认，记录所用指令和结果截图。</td></tr>
<tr><td>所用指令</td><td></td></tr>
<tr><td>结果截图</td><td></td></tr>
<tr><td colspan="2">（3）使用 bitcoin-cli 完成：分别用指令获取 bob 和 network 的余额，并显示承载上述关键交易的区块原始数据，记录所用指令和结果截图。</td></tr>
<tr><td>所用指令</td><td></td></tr>
<tr><td>结果截图</td><td></td></tr>
<tr><td colspan="2">（4）由 bob 创建一个多输入多输出交易，同时给 alice 支付 23 BTC、给 network 支付 21 BTC，使该交易被确认，并于生成的区块中定位该交易，利用 RPC 命令解析。</td></tr>
<tr><td>所用 RPC 命令</td><td></td></tr>
</table>

<table>
<tr><td rowspan="11">实
验
过
程
记
录</td><td colspan="2">3．拓展实验：利用回归测试网络模拟并测试复杂的区块链状态和功能。</td></tr>
<tr><td colspan="2">（1）拓展实验 1：合理配置 bitcoin.conf，创建一个回归测试网络，并在网络中制造分叉现象，对分叉造成的影响进行观察（提示：如制造一个脆弱的节点拓扑关系，并使得某关键节点暂时离线）。</td></tr>
<tr><td>实验原理</td><td></td></tr>
<tr><td>主要步骤</td><td></td></tr>
<tr><td>关键步骤截图</td><td></td></tr>
<tr><td>实验结果分析</td><td></td></tr>
<tr><td colspan="2">（2）拓展实验 2：建立一个 4 节点的回归测试网络，其中任意 3 节点产生一个 2of3（即 3 个人中任意 2 人签名，交易即合法）的多签交易，付给第 4 个节点 35 BTC，完成该交易并使其获得确认（提示：使用 RPC 命令 createmultisig 进行构造）。</td></tr>
<tr><td>实验原理</td><td></td></tr>
<tr><td>主要步骤</td><td></td></tr>
</table>

<table>
<tr><td rowspan="8">实
验
过
程
记
录</td><td>关键步骤截图</td><td></td></tr>
<tr><td>实验结果分析</td><td></td></tr>
<tr><td colspan="2">（3）拓展实验 3：多人协作，在局域网内建立一个 3～4 人的回归测试网络，并利用钱包完成一笔带有 locktime 为 500 区块高度的多输入、多输出交易（需涉及所有节点），并使其得到确认。</td></tr>
<tr><td>实验原理</td><td></td></tr>
<tr><td>主要步骤</td><td></td></tr>
<tr><td>关键步骤截图</td><td></td></tr>
<tr><td>实验结果分析</td><td></td></tr>
</table>

第3章　区块链浏览器与区块链钱包

区块链技术的重要特点之一是具有数据不可篡改性。在基于区块链构建的公链应用（如数字货币、智能合约）中，良好的数据透明性使得经过区块链接收确认的所有数据变得公开可验证，这也是区块链技术可以被权威实体信任的根本原因。区块链浏览器作为区块链项目的关键基础设施，能够帮助大众在不需运行任何专用软件的情况下，对实时的区块链状态进行解析，获取其感兴趣的部分数据，也是学习区块链技术最为直观、便捷的工具。

本章实验的目标包括两方面：一方面，以比特币和以太坊的区块链浏览器为例，先介绍获取区块链数据的基本技巧，进而利用区块链浏览器解析并学习区块链账本层与合约层的构造，结合多个典型事务，加深读者对于多种区块链状态的认知与体会，最后学习批量获取区块链数据进行数据挖掘的相关技巧，该实验也是后续区块链实践的基本技能；另一方面，针对存储私钥的应用——区块链钱包，本章实验旨在让读者掌握主流数字货币系统生成密钥和地址、签发交易的基本方法，掌握区块链钱包的基本分类，了解并体验不同类型的区块链钱包，学有余力的读者可以组队展开进阶实验。

本章要求：掌握区块链浏览器的基本操作、功能、使用技巧（各类状态查询、简单API调用、数据可视化、钱包、测试链）；学会利用区块链浏览器解析并学习区块链账本层构造（地址、典型交易、交易费用、隔离见证、脚本构造等）；学会利用区块链浏览器解析并学习区块链合约层构造（合约状态、合约的相互调用、费用计算、ERC20等）；尝试通过vanitygen工具用正则表达式生成比特币靓号地址，通过bitcoin-core-testnet工具体验私钥的冷存储，通过bitaddress工具体验脑钱包的工作原理；有能力的读者可以完成拓展实验，即批量获取并分析区块链元数据（API调用、数据获取的使用、数据挖掘、部署开源区块链浏览器）。

3.1　区块链浏览器的基本操作

3.1.1　实验目的

（1）熟悉区块链浏览器的基本功能。

（2）掌握使用区块链浏览器进行基本查询操作的方法。

3.1.2 原理简介

区块链浏览器可以向外界提供区块链上的关键信息，包括但不限于：链状态、区块状态、交易状态、合约状态、账户状态，区块链浏览器还可能额外提供对于测试网络的支持（方便开发者进行测试应用的调试）、数据可视化服务（方便用户对区块链状态进行宏观认识）、钱包服务（方便用户管理数字资产）和开放 API（方便用户精确、批量地获取数据）。

一些主流且稳定的区块链浏览器包括：Blockstream、Blockchain、Blockcypher、Etherchain、BTC、Etherscan。读者可以在网络上进行搜索（本教程提供的所有网络 URL 地址都由作者在教材编写时成功访问）。

3.1.3 实验环境

本实验在 PC 机上即可进行，操作系统不限。

3.1.4 实验步骤

本节以几种常用区块链浏览器为例，介绍区块链浏览器的基本功能。

1．浏览器反馈的几类区块链状态

（1）链状态

每条链的链状态以其链名作为唯一标识。例如，通过 blockchain.com 进行查询，其区块链浏览器的显示如图 3-1 所示。

图 3-1 blockchain.com 提供的区块链浏览器主界面

可以访问 Bitcoin、Ethereum、Bitcoin Cash 三条链的状态，其主要特征包括：链的最新区块、最新确认交易池、平均交易费用、平均交易价值、实时挖矿难度、全网节点总算力、待确认交易池、代币价值、每日交易频率及积压的交易总数目。由此我们可以初步判断这条链的价值、效率、安全性及交易的活跃度。

（2）区块状态

区块状态以区块地址和区块高度作为标识。例如，通过 blockstream.info 进行查询，以区块

```
000000000000000000136cf467d4d9ae8af79441d049d06b3e2ea03a83126ed1
```

为例，结果如图 3-2 所示。

DETAILS

HEIGHT	591 201
STATUS	In best chain (1 confirmation)
TIMESTAMP	8/22/2019, 3:13:36 PM GMT+8
SIZE	1269.283 KB
VIRTUAL SIZE	999 vKB
WEIGHT UNITS	3992.846 KWU
VERSION	0x2000e000
MERKLE ROOT	3e0d72d40d8bebeb528c010bb3d1dbc9c591931689c5aafa719577e99e0c80e2
BITS	0x171ba3d1
NONCE	0x367f5550

图 3-2　使用 blockstream.info 查询区块状态

其主要特征包括：状态（有无分叉，确认深度），时间戳（并非一个精确的值，仅仅具有参考意义），实际数据大小，可见大小（一般为 Bitcoin 规定的 1 MB，节约的数据量由账本层隔离见证机制的施行带来，在 3.2 节着重解析），由隔离见证带来的额外数据（以 KWU 为单位，采用独特的换算标准），矿工节点版本号，区块的默克尔根，以及生成有效 PoW 所需的有效填充数 nonce。区块详情中包含了该区块容纳的所有交易信息，其中第一个交易固定为 Coinbase 类型，作用是将挖矿奖励支付给矿工指定的地址。

（3）交易状态

每个交易的交易状态以交易地址作为唯一标识。例如，通过 blockstream.info 进行查询，搜寻任何一个交易：

```
e75cc9e67a64d3974210da8480d3d80c0b5fb1a966b6451dd847754d4e82a5e1
```

其主要特征包括：确认状态、所在的区块信息（地址、高度、时间戳）、所付出的交易费用、交易的大小、节点版本号、锁定时间（用于定义该交易最早可入块的时间）、费用节约情况（如果激活隔离见证，则能够节省的费用）以及隐私情况（是否重用地址等）。进一步，通过单击交易的详情，我们可以观察交易的构造及其每个输入的赎回脚本 ScriptSig，以及每个输出的锁定脚本 ScriptPubkey 和输出的花费情况。

（4）账户状态

每个用户账户由其地址唯一标识。例如，通过 blockstream.info 进行查询，单击任意一个输入或输出中包含的地址字段，可以检索该地址相关的所有交易历史和地址的余额。例如，以地址

```
3NKtXY8ZpZe5XbE4YrjZogkid8hSBkDACw
```

为例，如图 3-3 所示。

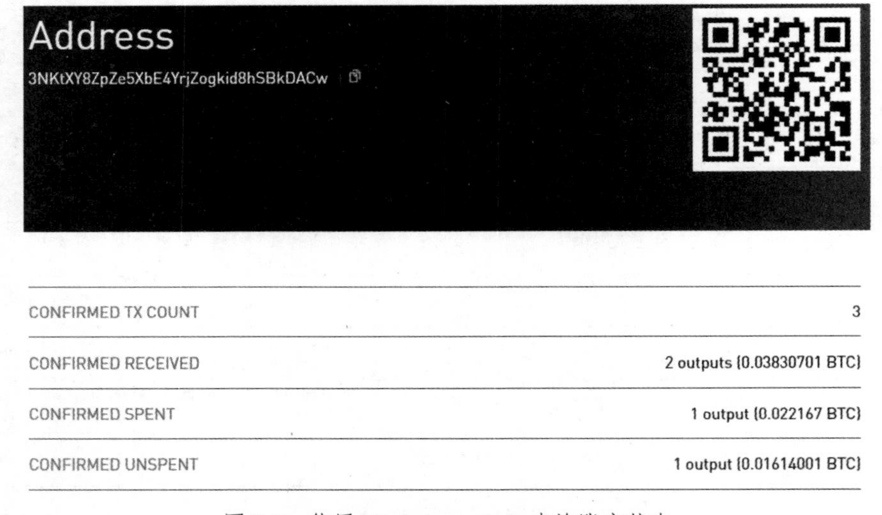

图 3-3　使用 blockstream.info 查询账户状态

注意：对于比特币的账本交易，不建议通过地址重用的形式来管理账户，因为这样容易因为交易历史而暴露隐私。另外，由于地址上存储的资产在花销后，其对应的公钥也会随之泄露，一旦进入后量子密码时代，旧公钥密码算法的失效会直接导致用户的资产流失。目前建议的账户安全管理方法是：钱包记录并衍生一系列的用户地址，每个地址仅使用一次，钱包采用过滤器监听所有相关地址的交易并整理用户资产，避免上述问题的出现。

（5）合约状态

以太坊的合约状态以合约地址作为唯一标识。例如，可以访问以太坊的区块链浏览器 etherscan.io，选择其中的任意有效合约进行观察，观察中可以辨识的特征包括：合约名称、该合约的所有相关事务（初始的两笔事务分别用于创建合约、向合约地址付款，以启动合约）、源码、账户余额、创建者地址、编译版本、遵循的协议、状态变更历史，以及合约提供的接口（API）等信息。例如，以

```
0x39e743fee400a5d9b36f1167b70c10e8f06440e5
```

为例，结果如图 3-4 所示。

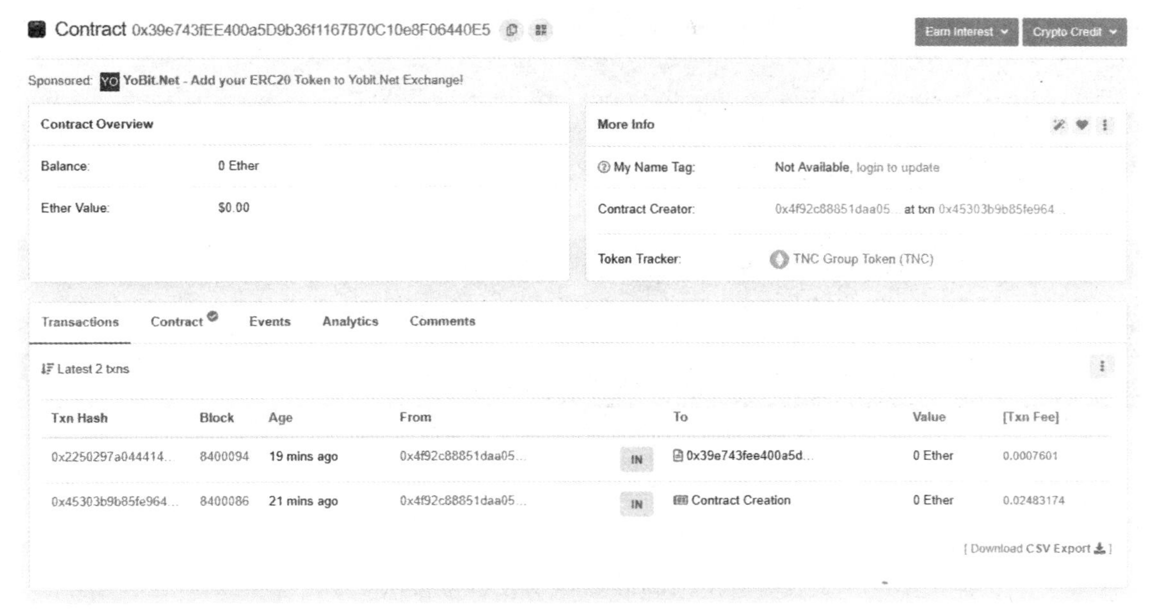

图 3-4 使用 etherscan.io 查询合约状态

以上状态皆可通过区块链浏览器的搜索栏，输入相应的标识进行查询，这也是区块链浏览器提供的最基本的功能。

2. 区块链浏览器提供的 API 支持

（1）API 调用

下面以 blockstream 为例，其 API 调用的完整方法记录在 Github 上。

使用 API 的方法有两种：一种是使用 JS 包管理工具直接对该开源浏览器进行部署，另一种较为简单的方法是直接通过 URL 访问 API（前缀为 https://blockstream.info/api/）。我们建议使用命令行工具 CURL，这是一款利用 URL 语法在命令行方式下工作的开源文件传输工具，可以完成调用（采用浏览器直接访问亦可）。

我们以第一条 GET /tx/:txid/status 为例，尝试调用该接口。该接口的功能是根据交易的地址，返回交易的确认状态，包括：是否被确认（confirmed），被收纳的区块高度（block_height）、该区块的地址（block_hash）。

例如，查询地址为

```
6dcc37358d08b6adee18deb22f037326b5e659c2030189fbf774344c9fb3915
```

的交易确认状态，打开终端，输入以下命令：

```
curl https://blockstream.info/api/tx/6dcc37358d08b6adee18deb22f037326b5e659c2030189fbf7
74344c9fb39152/status
```

若所查询的交易的确认状态如图 3-5 所示，则所查询交易的确认状态以 JSON 的形式被返回，安装 Python 的读者可以使用“python -m json.tool”命令和管道对返回数据的格式进行修整，如图 3-6 所示。

```
C:\Users\vivid>curl https://blockstream.info/api/tx/6dcc37358d08b6adee18deb22f037326b5e659c2030189fbf774344c9fb39152/sta
tus
{"confirmed":true,"block_height":364292,"block_hash":"00000000000000000003dd2fdbb484d6d9c349d644d8bbb3cbfa5e67f639a465fe",
"block_time":1436293147}
C:\Users\vivid>
```

图 3-5　所查询的交易的确认状态

```
C:\Users\vivid>curl https://blockstream.info/api/tx/6dcc37358d08b6adee18deb22f037326b5e659c2030189fbf774344c9fb39152/status|python -m json.tool
  % Total    % Received % Xferd  Average Speed   Time    Time     Time  Current
                                 Dload  Upload   Total   Spent    Left  Speed
100   144  100   144    0     0    144      0  0:00:01 --:--:--  0:00:01   263
{
    "confirmed": true,
    "block_height": 364292,
    "block_hash": "00000000000000000003dd2fdbb484d6d9c349d644d8bbb3cbfa5e67f639a465fe",
    "block_time": 1436293147
}
```

图 3-6　使用 Python 对返回数据的格式进行修整

（2）可视化

一些区块链浏览器对区块链的历史数据进行了挖掘，并提供了可视化的服务，方便用户对链状态的变化进行探究。下面以 BTC.com 浏览器为比特币提供的多项统计为例。

打开该浏览器，可以看到其对矿池份额、交易费用、脚本类型、难度变更等参数进行实时的统计，以矿池份额为例（如图 3-7 所示）。理论上，Nakamoto Consensus 能容限的恶意节点比例为 51%，在考虑自私挖矿后，该值可以降低至 25%，而现有最大矿池的算力占比已经接近这个值，矿池的扩张正在逐渐蚕食比特币的安全性。

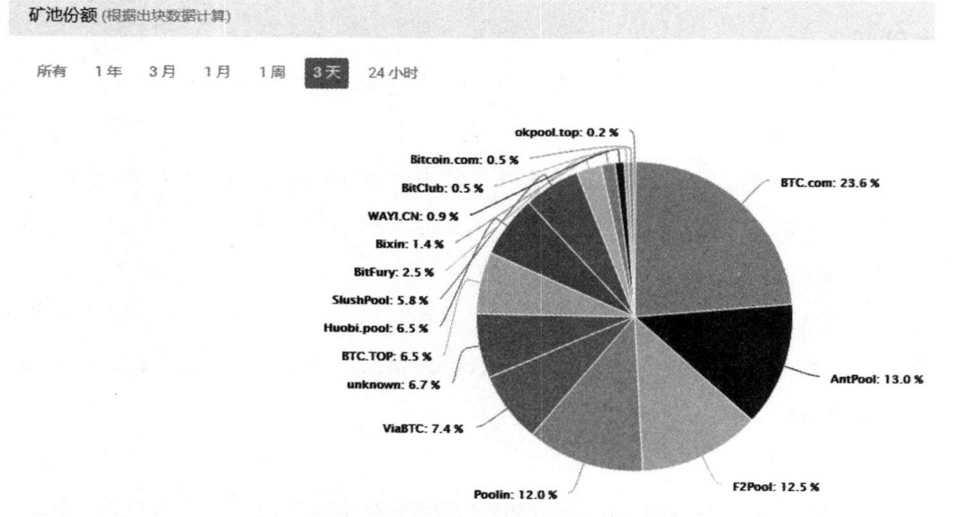

图 3-7　BTC.com 对矿池份额的实时统计

另外，去中心性的丧失也是令人担忧的。图 3-7 中非矿池的算力占比仅为 6.7%，整个比特币挖矿历史的该值为 37.4%。庞大的算力消耗与存储需求已使得个人节点不再适合作为全节点维护比特币生态，更倾向于加入矿池，承担 Hash Puzzle 的运算外包业务。

(3) 发布交易

一些区块链浏览器提供了网页端发布交易功能甚至数字货币钱包的功能。例如，blockstream 允许输入交易的 HEX 编码，浏览器可以代理广播该交易，如图 3-8 所示。

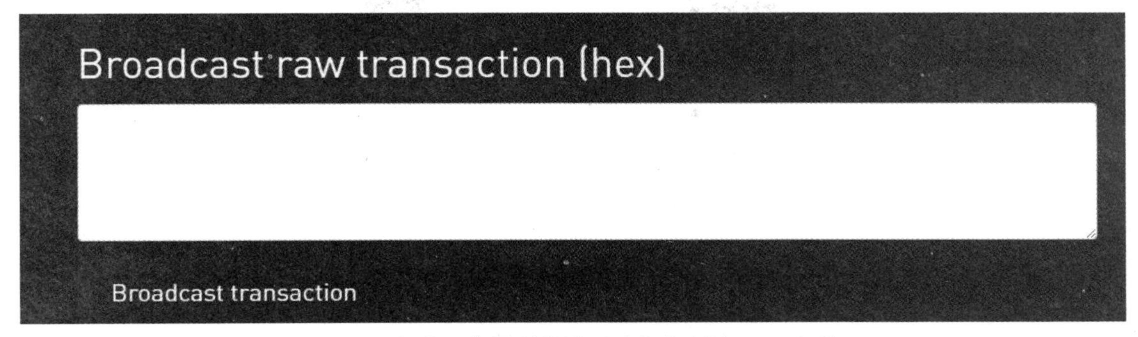

图 3-8　部分区块链浏览器可以代为广播 HEX 交易

(4) 测试网络支持

考虑到代币的昂贵和未经测试的新技术部署风险，各区块链社区建立了测试网络，用于开发者对于区块链应用的测试。例如，比特币的测试网络 Testnet3 的特点是挖矿难度很低，代币没有经济价值，除此之外，其部署的技术一般先于比特币主网。

很多区块链浏览器提供了对于测试网络的浏览器支持，如 blockstream 也具备这个功能。

测试网络的代币可以通过从各类测试网络的 faucet 上输入自己的测试链地址来获取，如 coinfaucet.eu（**强烈建议**，在实践结束后，将该测试网络的代币发送回原 faucet 地址，便于更多人进行实验），如图 3-9 所示。

图 3-9　在 faucet 网站获取测试网络的代币

部分区块链浏览器还为测试网络提供了钱包的支持，我们可以在其上进行注册，并使用测试网络代币管理账户、发送交易、体验丰富的钱包功能、定制并观察自己的交易。

(5) 读者练习

根据上述实验内容，请读者完成以下练习。请在区块链浏览器中查询区块

```
000000000000000003dd2fdbb484d6d9c349d644d8bbb3cbfa5e67f639a465fe
```

并对该区块进行分析。例如，该区块有何异常？造成该异常的原因是什么？这可能暗示了区块链系统设计中的哪些问题？

链系统设计中的哪些问题？

观察浏览器对于比特币挖矿难度变化的可视化实时结果，如 https://btc.com/stats/diff，尝试回答：难度调整的间隔，难度变化的趋势和其带来的影响，以及推测平均算力的计算方法。

参考 blockstream API 的调用说明，调用 API 并回答：当前比特币待验证的交易数目为多少？数据量为多大？大概几个区块才能处理完这些交易？给出高度在 9991～10000 区块内包含的总交易数目。

3.1.5 实验报告

将上述实验步骤（5）的过程和问题解答写入实验报告。

3.2 利用区块链浏览器学习区块链账本层构造

3.2.1 实验目的

（1）熟悉区块链账本层的构造。

（2）掌握比特币脚本语言的原理。

（3）学会利用区块链浏览器对区块链账本层构造进行分析。

3.2.2 原理简介

比特币脚本是比特币使用的一种基于堆栈的执行语言。比特币将一系列带有特定功能的执行脚本 OPCODE 进行特定编码，通过合理组合后，按照“先入后出”的顺序执行，辅助完成交易的验证功能。

下面以常见的 P2PKH 为例，演示以其为核心脚本的账本交易验证过程。因为 P2PKH 是支付给收款者公钥的 Hash 值，所以交易的验证脚本需要分两步完成。首先，验证交易发布者所提供的公钥在 Hash 运算后是否匹配；然后，通过该公钥验证交易发布者提供的签名，若两者皆成功，则该输入的花销是有效的，如图 3-10 所示。

所有的比特币脚本都可以在比特币官方维基百科中进行查询。

3.2.3 实验环境

本实验在 PC 机上即可进行，操作系统不限。

3.2.4 实验步骤

本节实验利用区块链浏览器，让读者观察一些典型的账本交易构造方法，进而实现比特币脚本的编写。

首先，我们来熟悉一些典型的交易构造。

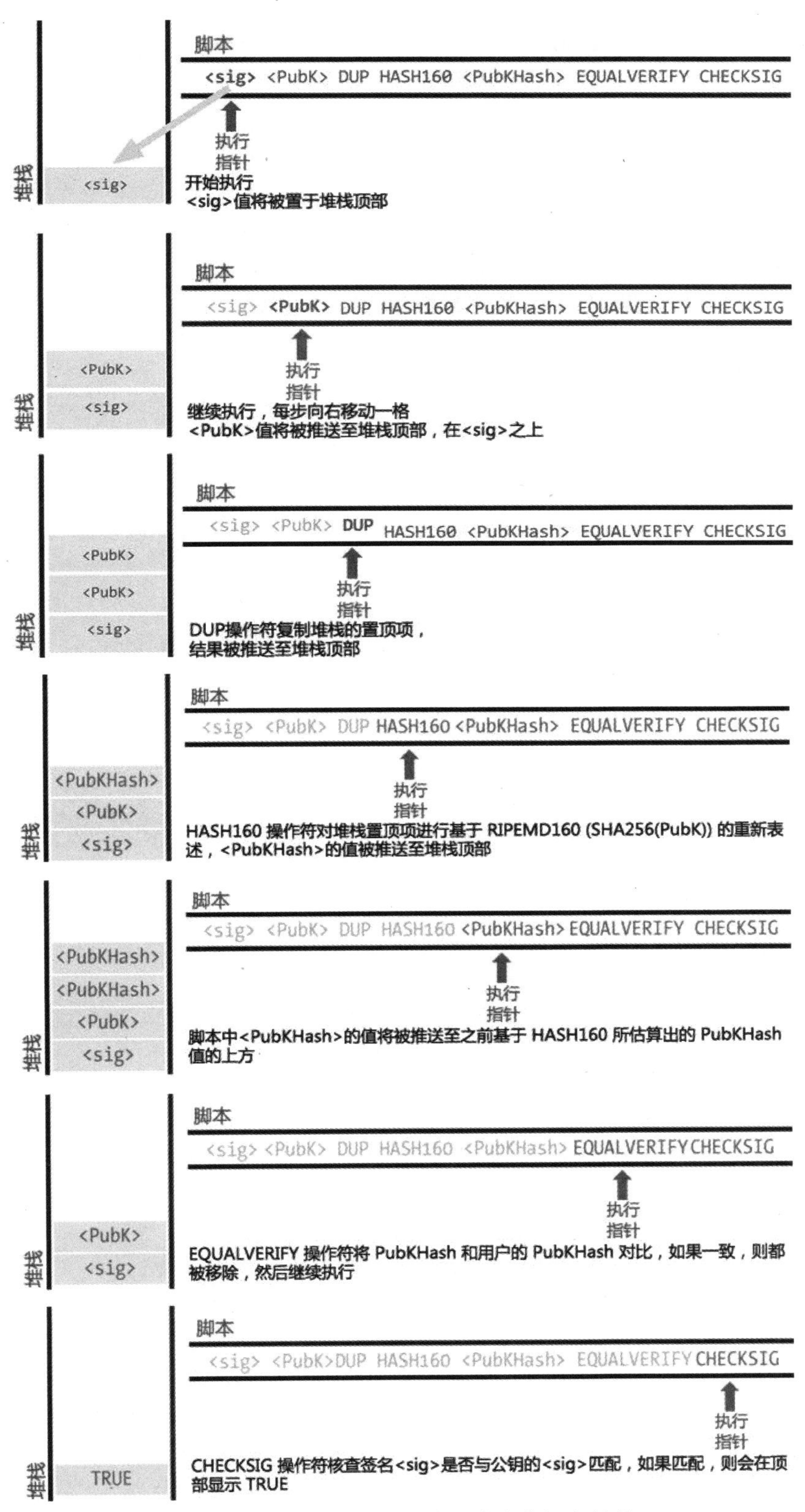

图 3-10　比特币 P2PKH 交易脚本的运行原理

1. Coinbase：创始块示例

创始块示例如下：

```
https://blockstream.info/block/00000000839a8e6886ab5951d76f411475428afc90947ee320161bbf18eb6048
```

作为一种特殊的交易，创始块固定作为每个区块的第一个交易，将挖矿奖励发送到矿工指定的地址或脚本，其输入脚本不需包含任何典型的赎回脚本，亦没有固定的格式，矿工通常使用的 OP_PUSHBYTES 可能嵌入具有一定含义的信息，也有可能在规定 nonce 尝试挖矿无果溢出后利用此种办法变相扩展 nonce 的范围，如图 3-11 所示。

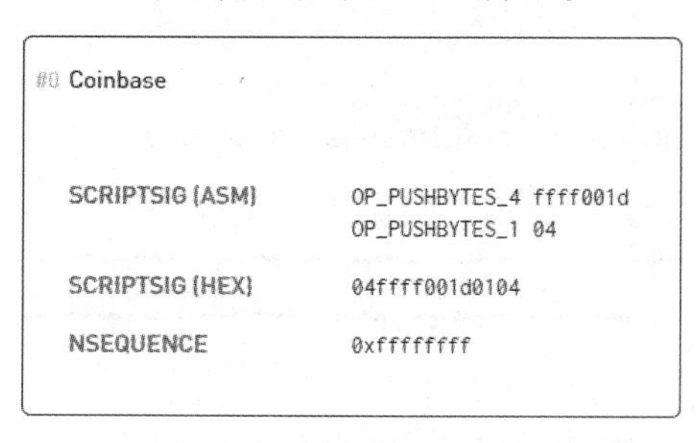

图 3-11 比特币 Coinbase 交易示例

2. P2PKH：示例

在 blockstream 中查询交易：

```
0de586d0c74780605c36c0f51dcd850d1772f41a92c549e3aa36f9e78e905284
```

在隔离见证激活前最为常用的一种支付脚本，我们已经在背景中介绍了其验证的过程，锁定脚本格式为

```
OP_DUP OP_HASH160 OP_PUSHBYTES_20 <hash> OP_EQUALVERIFY OP_CHECKSIG
```

其中推送的数据为 20 字节的公钥 Hash 值。赎回脚本格式为

```
OP_PUSHBYTES_72 <Sig> OP_PUSHBYTES_33 <Pubkey>
```

即先推送 71 或 72 字节的签名，再推送 33 字节的公钥。

类似的支付脚本有直接向公钥支付的 P2PK，但由于隐私的原因，被 P2PKH 所替代。

3. NullData（OP_RETURN）：示例

在 blockstream 中查询交易：

```
56a3de9926f1d1334b4f76ea9059d8357664d3ab72508b7c35efd9b511d82a01
```

作为一种特殊的输出脚本，NullData（OP_RETURN）可以在交易中嵌入最多 80 字节的任意数据。该输出不可花销，亦无法单独作为交易的输出，一般用作保证该部分数据的不可篡改性和时效性，作为存在性证明进行使用，辅助搭建更复杂的去中心化应用，如图 3-12 所示。

这里可以回顾账本层交易费用的设定。其费用与交易的容量成正比，也就意味着在 Bitcoin 这样一个以数字货币功能作为核心的生态内锚定数据是异常昂贵的，并且会影响其他正常交易的入块，这也是该脚本设置数据限定的原因。

#0 OP_RETURN	0 BTC
TYPE	OP_RETURN
SCRIPTPUBKEY (ASM)	OP_RETURN OP_PUSHBYTES_20 6f6d6e69000000000000001f00000020c25f9f00
SCRIPTPUBKEY (HEX)	6a146f6d6e69000000000000001f00000020c25f9f00
OP_RETURN DATA	omni□ ◆_◆

图 3-12 比特币 OP_RETURN 脚本示例

例如，示例交易为了锚定 20 字节的数据花费了 0.000446 BTC 的费用，价值 5 美金左右。

4．P2SH：示例

在 blockstream 中查询交易：

```
d3adb18d5e118bb856fbea4b1af936602454b44a98fc6c823aedc858b491fc13
```

比特币的脚本通过组合可以完成更复杂的逻辑，构造一些简单的合约，而 P2SH 脚本是实现这类功能最安全的方法。如图 3-13 所示，P2SH 的锁定脚本构造十分简单，仅包含数据段为赎回脚本的 Hash 值。

#0 3BnZYLFfEgAaN4aTavSUhez7nAAnjjAJpB	0.0996 BTC
TYPE	P2SH
SCRIPTPUBKEY (ASM)	OP_HASH160 OP_PUSHBYTES_20 6ebdbaf0840274a6b23b0643b75ef4e8e24f37b8 OP_EQUAL
SCRIPTPUBKEY (HEX)	a9146ebdbaf0840274a6b23b0643b75ef4e8e24f37b887
SPENDING TX	Spent by e36e89b42a30311fa9d0624bf5b83c6d5e10a4a180ab5fe42dd1b1f6d99f1891:0 in block #232734

图 3-13 比特币 P2SH 交易脚本示例

但要合法地花费该输出，交易发布者不仅需要在下个交易的输入中嵌入完整的赎回脚本，还需要提供解锁赎回脚本的相应数据。例如，对于花费如下输出

```
d3adb18d5e118bb856fbea4b1af936602454b44a98fc6c823aedc858b491fc13
```

最终被交易，其赎回脚本为：

```
OP_PUSHNUM_2
OP_PUSHBYTES_65
```

```
04f3d35132084eb1b99b6506178c20adb42d26296012e452e392689bdb6553db33ba24b900000892805de16
46821c7b0fb50b3d879c26e2b493b7041e6215356a0
OP_PUSHBYTES_65
04ab4ecc9e8ea2da0562af25bcaede00c4d5a00db60edc17672376decf0a35a34fdc9f1ffad1fb74fd7b1b1
98b9231c25df88e0769bec49975649b4b3f40adafb0
OP_PUSHBYTES_65
04f7149f270717c00f6cc09b9ce3c22791c4aab1af40a5107aacca85b6f644cc0d84459e308f998d801b8d9
d355f8ec33b0e41866841e2870754cf667a9821703d
OP_PUSHNUM_3
OP_CHECKMULTISIG
```

上面定义了一个2/3门限交易，根据脚本OP_CHECKMULTISIG的定义，其脚本中包含3个公钥，而花费该笔输出需要提供两个不同公钥的合法签名，OP_CHECKMULTISIG会利用所有公钥对输入的签名进行验证，若满足条件，则输出为真。

解锁脚本先推送解锁赎回脚本所需的数据，再使用PUSHBYTES脚本推送赎回脚本的HEX编码。

5．读者练习

请读者完成以下练习。观察某P2SH交易的赎回脚本：

```
OP_3DUP OP_ADD OP_PUSHNUM_9 OP_EQUALVERIFY OP_ADD OP_PUSHNUM_7 OP_EQUALVERIFY OP_ADD
OP_PUSHNUM_8 OP_EQUALVERIFY OP_PUSHNUM_1
```

说明该脚本规定的解锁条件和运行机理，并拟写其解锁脚本。

3.2.5 实验报告

将上述实验步骤5的过程和问题解答写进实验报告中。

3.3 利用区块链浏览器解析并学习以太坊合约层构造

3.3.1 实验目的

（1）了解以太坊合约层的构造。

（2）学会利用区块链浏览器对以太坊合约层构造进行分析。

3.3.2 实验环境

本实验在PC机上即可进行，操作系统不限。

3.3.3 实验步骤

本节实验利用以太坊区块链浏览器Etherscan学习智能合约的基本构造，高阶技巧将在之后的合约实践课程中讲解。

1. 合约层部署

单击任意区块的详情，如通过 etherscan.io 访问区块 8413441，可以观察到合约层部署带来的一些不同。

最显著的一点，区块的大小不再有固定上限，而是由事务费用上限 Gaslimit 决定的，事务费用则直接与矿工所执行合约的总复杂度相关联。对于每笔触发合约状态变动的事务，其复杂度由所执行程序的指令加权每个指令的复杂度求和得到，节点在发布事务前会附加相应的 Gas 并指定单位复杂度愿意支付的事务费用，矿工在执行该事务的过程中依次扣除执行费用。如果附加的 Gas 因不足而被耗尽，则该次执行不会造成区块状态变动，且不会退回所消耗的费用。

可以理解，由于智能合约的编程语言是图灵完备的，事务验证所消耗的算力不可被忽略，为了避免庞大的计算开销和恶意合约的影响，以太坊制定了以上经济模型，限定每个区块能处理的事务难度，这一举措也降低了生态丧失去中心性的风险。

2. 探究合约和其触发事务的状态

下面以著名的 ERC 代币合约为例（如 ERC20、ERC621、ERC721）。以太坊考虑到每个分布式应用需要形成自己的生态，甚至发行自己的代币，所以允许应用以代币合约的形式发行自己的代币，并与其他种类代币进行价值流通。定义此类功能需要遵循 ERC 合约规范，并实现其规定的接口（以下为部分示例接口）。

- TotalSupply：代币发行总量。
- BalanceOf(address_owner) constant returns (uint256 balance)：查询余额。
- transfer(address_to, uint256 _value) returns (bool success)：发送相应代币数目到钱包地址。

应用开发者在此基础上再实现更复杂的合约功能。下面使用 Etherscan 查询以下合约：

```
0x06012c8cf97bead5deae237070f9587f8e7a266d
```

在其合约首页上，可以看到其代币的价值和合约定义的所有方法，以方便用户的学习、检测与调用，用户可以发布事务，通过自己的账户或驱动其他合约与该合约交互，如图 3-14 所示。

“Events”栏中显示该合约最近的状态变动、触发改动的事务地址、事务所调用的具体方法，如图 3-15 所示。

单击具体的事务地址，可以获得关于该次合约状态变动更加详细的信息，如图 3-16 所示。

Etherscan 同样开放了 API 接口提供对于以太坊的状态获取，但使用 API 需要申请相应的密钥，并受到每天 100 次访问的限制。另外，Etherscan 收集了一系列有助于合约开发和学习的在线工具，方便智能合约的开发学习和漏洞检测，有兴趣的读者可以自行查询。

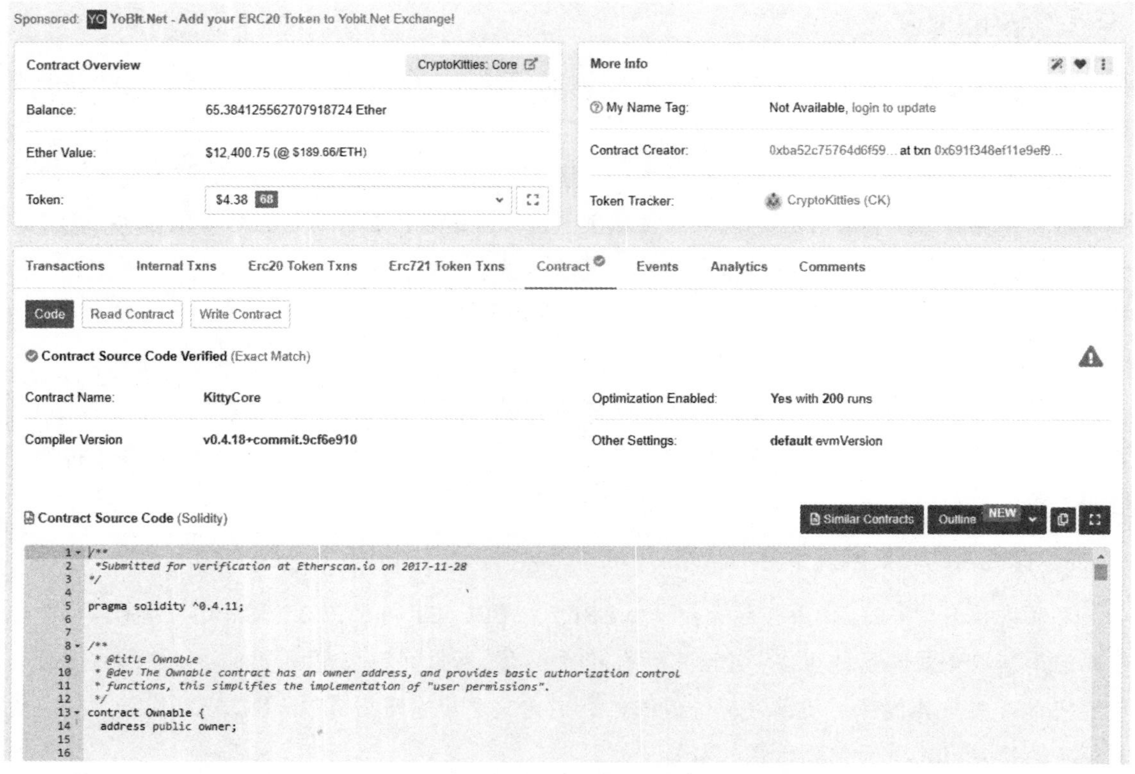

图 3-14 可以看到代币的价值和合约定义的所有方法

Transactions | Internal Txns | Erc20 Token Txns | Erc721 Token Txns | Contract | Events | Analytics | Comments

Latest 25 Contract Events

Tip: Event Logs are used by developers/external UI providers for keeping track of contract actions and for auditing

Txn Hash	Method	Event Logs
0x555b84d29bd523... # 8414336 1 min ago	0x91aeeedc	> Approval (address owner, address approved, uint256 tokenId) [topic0] 0x8c5be1e5ebec7d5bd14f71427d1e84f3dd0314c0f7b2291e5b200ac8c7c3b925 Hex → 0000000000000000000000000acfd42ce979d636386aae2b536d99a06f138445 Hex → 00000000000000000000000009fe5f0236f0ea5d930197dce254d77b04128075 Hex → 000000000000000000000000000000000000000000000000000000000019ac72
0x7450fd5b83b2cf7... # 8414336 1 min ago	0x88c2a0bf giveBirth (uint256)	> Transfer (address from, address to, uint256 tokenId) [topic0] 0xddf252ad1be2c89b69c2b068fc378daa952ba7f163c4a11628f55a4df523b3ef Hex → 0000000000000000000000000000000000000000000000000000000000000000 Hex → 0000000000000000000000009cc8b6ccd44d9b348f25e612927597242d86b4b6 Hex → 000000000000000000000000000000000000000000000000000000000019acea
0x7450fd5b83b2cf7... # 8414336 1 min ago	0x88c2a0bf giveBirth (uint256)	> Birth (address owner, uint256 kittyId, uint256 matronId, uint256 sireId, uint256 genes) [topic0] 0x0a5311bd2a6608f08a180df2ee7c5946819a649b204b554bb8e39825b2c50ad5 Hex → 0000000000000000000000009cc8b6ccd44d9b348f25e612927597242d86b4b6 Hex → 000000000000000000000000000000000000000000000000000000000019acea Hex → 000000000000000000000000000000000000000000000000000000000019ace1 Hex → 00000000000000000000000000000000000000000000000000000000000cb63e Hex → 00005852d5bc4e49d0a4a48f4a1cb00da5619ad4a5ec101c0401ae0b0423002f

图 3-15 合约最近的状态变动

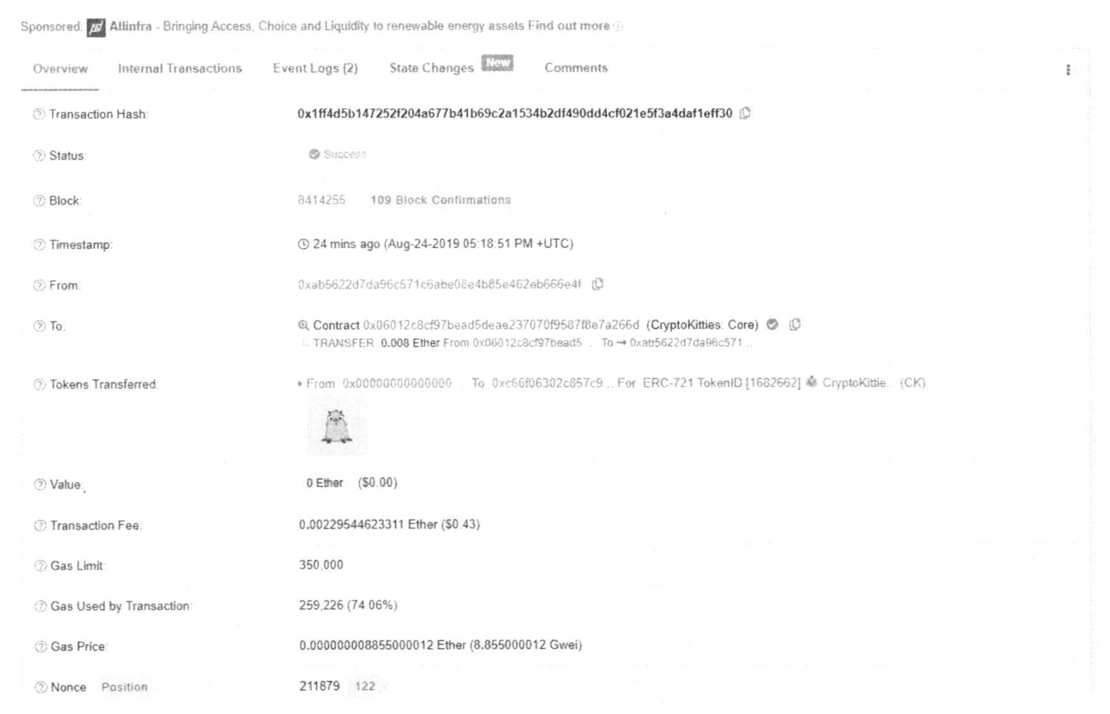

图 3-16　合约状态变动更加详细的信息

3.3.4　实验报告

在实验报告中总结主要实验步骤，并写出心得体会。

【思考题】

结合上述实验，总结以太坊合约层的构造方法。

3.4　体验区块链钱包原理

3.4.1　实验目的

（1）掌握区块链钱包的概念及分类。

（2）体验比特币靓号生成、冷钱包和脑钱包的制作过程，感受比特币钱包的奥妙所在。

3.4.2　原理简介

与普通钱包类似，作为数字货币，某些区块链也有“钱包”。只不过，区块链钱包中放的并不是现金，而是用户地址的私钥。换言之，区块链钱包和普通钱包都用来存放相应的货币系统中个人用户最重要、最害怕丢失的物件。

区块链钱包常按照下面几种方法分类：按照节点数据是否存储完整，可分为全节点钱包（完整存储区块链所有交易数据）和轻节点钱包（只保存了区块链钱包的基本功能）；按照区块链钱包是否联网，可分为冷钱包（私钥在本地存储，不联网）和热钱包（联网）；按用户是否自行持有私钥，可分为中心化钱包（第三方机构代管用户私钥）和去中心化钱包（用户自行持有钱包的私钥）；按是否支持多种币种，可分为单币种钱包、多币种钱包、全币种钱包。

3.4.3 实验环境

本实验在 PC 机上即可进行，操作系统不限。

3.4.4 实验步骤

1．体验比特币靓号地址

本实验提供了工具包“vanitygen-0.22-win.zip”，解压缩即可使用。读者也可以自行搜索。

（1）打开 CMD，直接将 vanitygen.exe 的图标拖进 CMD 窗口中打开。

（2）输入一个空格和“1234”，这样就得到了一个以“1234”为开头的比特币地址，如图 3-17 所示。第一行是难度，第二行是限定筛选条件，第三行是碰到的地址，第四行就是私钥。

图 3-17　以“1234”为开头的比特币地址

（3）随着指定字串的加长，难度是呈指数增长的，如果我们指定的是字母，那么忽略大小写可以降低难度，忽略大小写用参数“-i”，如图 3-18 所示。

```
C:\WINDOWS\system32>D:\vanitygen-0.22-win\vanitygen.exe 1zmzm
Difficulty: 264104224
Pattern: 1zmzm
Address: 1zmzmqC5221qw4BxAtMnCHgwHPHxanSCm
Privkey: 5Kd1WkqJQa5uP27JSA7q7cwqNa4w2EcxRHHz1HCMhPcKYNwG8dQ

C:\WINDOWS\system32>D:\vanitygen-0.22-win\vanitygen.exe -i 1zmzm
Difficulty: 16506514
Pattern: 1zmzm
Address: 1ZmZMB4DCNZjRgLqbc444WS8ahmSwgaE6
Privkey: 5K68sgARfjnmgi53vYpqkbWBbV78Np4hqLqTryJmiAmQhPGakTn
```

图 3-18　添加相关参数以降低难度

（4）请读者完成以下练习：

查阅相关资料，使用正则表达式，尝试生成满足以下条件的地址：

❖ 包含“abcd”的地址。

❖ 以 44 开头且以 99 结尾的地址。

❖ 以 5 个数字结尾的地址。

❖ 以 2 个数字再接“yyy”结尾的地址。

尝试碰撞刚才生成过的自己的某个地址，尝试逐渐减少输入的地址长度，体验并分析碰撞难度。

2．使用 Bitcoin Core 进行私钥的冷存储

本实验提供安装包 bitcoin-0.20.1-win64-setup.exe，读者也可到官网自行下载其他版本。

（1）双击安装包，即可进行安装，除安装路径外，一直单击“Next”按钮，即可完成安装。安装完毕，暂时不要打开 Bitcoin Core 客户端。

（2）找到安装路径中的 bitcoin-qt.exe，右击，然后生成桌面快捷方式。

（3）在桌面找到 bitcoin-qt.exe 的快捷方式并单击右键，在弹出的快捷菜单中选择“属性”，在“快捷方式”中“目标”栏的“.exe”后输入一个空格和“-testnet”，单击“确认”按钮退出。

（4）完成上述所有准备后，通过桌面快捷方式进入 Bitcoin Core 的 Testnet 版客户端。初次进入客户端时，请设置好配置文件（包括区块）安装的路径并记下。

提示：区块自动同步非常缓慢，不必担心占用计算机空间，实验结束后将客户端卸载，并将上述路径中所有的文件都删除即可。

（5）在上述路径的 testnet3\wallets 中存有 wallet.dat 文件。断开网络，删除 wallet.dat，重新启动 Bitcoin Core 客户端，会发现 wallets 文件夹下重新生成了一个 wallet.dat 文件。

（6）单击“设置”中的“加密钱包”，输入密码，将密码和 wallet.dat 文件保存。这样就制作完成了一个冷钱包。

3．体验冷钱包地址的生成

（1）访问 bitaddress.org，等待网页跳转完毕，在链接的最后输入“?testnet=true”，回车后进行访问。随意滑动鼠标，直到显示生成地址的进度为 100%。

（2）将网页 bitaddress.org（测试网络）另存为网页文件，断开网络，在本地再访问一次。单击网页菜单的“Brain Wallet”，选中“Enter Passphrase”并输入“View”，这时可以用自己随机想到的一句话或几个单词。此过程重复一遍，就可以生成两对地址和私钥。

（3）单击网页菜单的“Vanity Wallet”，复制在步骤（2）中生成的两个私钥（不用复制地址）到网页的两个输入框；然后选择“Multiply”，单击生成按钮“Calculate Vanity Wallet”，再单击“Show”下的“View”按钮，生成一对新的地址和私钥。

（4）使用浏览器访问 faucet 网站，输入在步骤（3）中生成的地址，获取小额的测试代币，记录下交易 ID。

如果领取成功，那么网页将显示交易信息，如图 3-19 所示。

```
Transaction sent

TxID:
f45dfc997f3018f90d7803bc87bd49dc351d651fe35397f94eddd583b84f571e
Address: mrJrZVvfryf8RjUz1tiYRL35zAWUvZyett
Amount: 0.01
```

图 3-19　测试代币领取成功

3.4.5 实验报告

将实验过程和实验结果总结到实验报告中，并在实验报告中回答下述思考题。

【思考题】

成功领取测试代币后，这是否是一笔 UTXO？如果想要花费它，需要提供哪些信息？请具体列举，寻找合适的区块链浏览器，查询此笔交易并记录。

3.5 拓展实验：批量获取并分析区块链元数据

以下实验为拓展实验，感兴趣的读者可以尝试。

1．拓展实验 1：数据批量获取与挖掘

调用公开的 API 或其他方式获取 2020 年 8 月的所有区块数据，对所有交易发布者所使用版本号 version 的情况进行统计分析，并作统计图，对 locktime 字段的使用比例进行统计分析，过滤出所有 locktime 不为 0 的交易，并将该交易数据集写入一个文件，如图 3-20 所示。

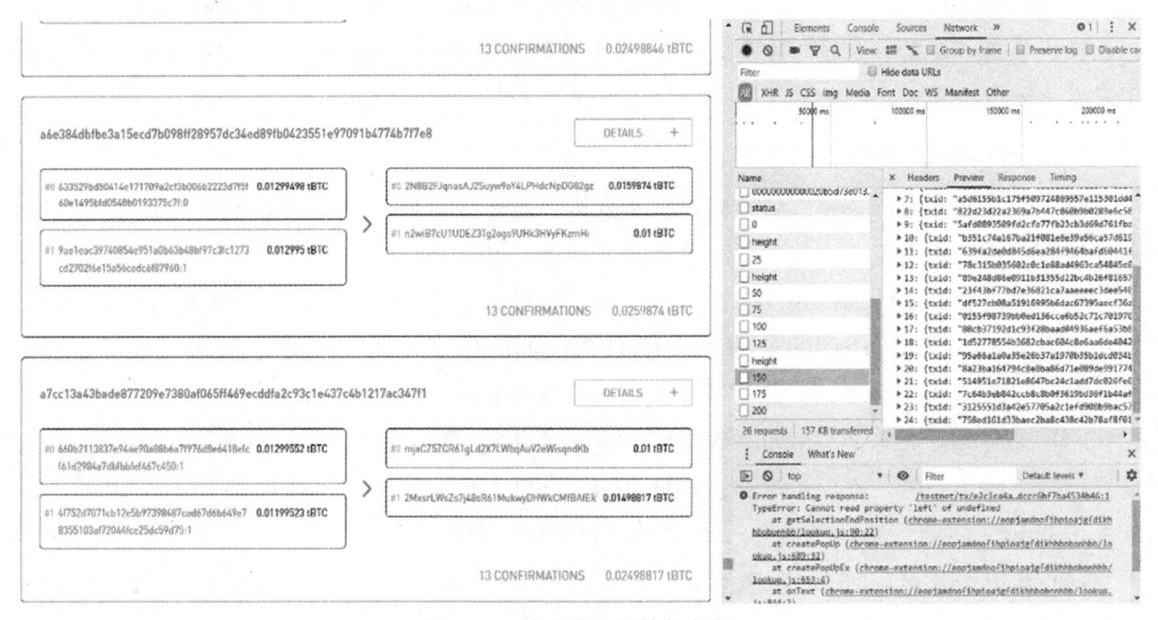

图 3-20　批量获取区块链数据

提示：可以利用程序模仿用户访问行为，根据 URL 呈现的规律，对区块链浏览器返回数据进行批量过滤与提取，一般在 API 调用受限时才会考虑使用。

2．拓展实验 2

利用开源项目，部署自己的区块链浏览器，并尝试调研区块链浏览器的构造方法。读者可以自行搜索区块链浏览器开源项目。

3.6 本章实验报告模板

读者在做本章实验时应及时记录实验结果，建议撰写实验报告，对实验进行总结和思考。本章实验报告模板如下。

<table>
<tr><th>类型</th><th colspan="2">实验报告内容</th></tr>
<tr><td rowspan="14">问答题</td><td colspan="2">1．简要介绍区块链浏览器的定义和主要功能。</td></tr>
<tr><td>定义</td><td></td></tr>
<tr><td>主要功能</td><td></td></tr>
<tr><td colspan="2">2．简述比特币 P2PKH 交易所涉及的脚本种类和交易验证时脚本语言的执行过程。</td></tr>
<tr><td>脚本种类</td><td></td></tr>
<tr><td>执行过程</td><td></td></tr>
<tr><td colspan="2">3．简述比特币 P2SH 交易所涉及的脚本种类和交易验证时脚本语言的执行过程。</td></tr>
<tr><td>脚本种类</td><td></td></tr>
<tr><td>执行过程</td><td></td></tr>
<tr><td colspan="2">4．总结根据赎回脚本写出解锁脚本的方法。</td></tr>
<tr><td colspan="2">5．比特币靓号地址生成的原理是什么？难度与什么有关？</td></tr>
<tr><td>原理</td><td></td></tr>
<tr><td>难度与什么有关</td><td></td></tr>
<tr><td colspan="2">6．简述 Bitcoin Core 属于哪一类钱包。</td></tr>
</table>

<table>
<tr><td rowspan="11">实
验
过
程
记
录</td><td colspan="2">1．区块链浏览器的基本操作。</td></tr>
<tr><td colspan="2">（1）在区块链浏览器中查询区块
000000000000000003dd2fdbb484d6d9c349d644d8bbb3cbfa5e67f639a465fe
并对该区块进行分析，该区块有何异常，造成该异常的原因是什么？这可能暗示了区块链系统设计中的哪些问题？</td></tr>
<tr><td>结果截图</td><td></td></tr>
<tr><td>有何异常</td><td></td></tr>
<tr><td>造成该异常
的原因</td><td></td></tr>
<tr><td>暗示了哪些问题</td><td></td></tr>
<tr><td colspan="2">（2）观察浏览器对于比特币挖矿难度变化的可视化实时结果（可参考 https://btc.com/stats/diff），尝试回答：难度调整的间隔，难度变化的趋势和带来的影响，推测平均算力的计算方法。</td></tr>
<tr><td>结果截图</td><td></td></tr>
<tr><td>难度调整的间隔</td><td></td></tr>
<tr><td>难度变化的趋势
和带来的影响</td><td></td></tr>
<tr><td>推测平均算力
的计算方法</td><td></td></tr>
</table>

<table>
<tr><td rowspan="10">实
验
过
程
记
录</td><td colspan="2">（3）参考 blockstream API 的调用说明，调用 API，回答：当前比特币待验证的交易数目为多少？数据量为多大？大概几个区块才能处理完这些交易？高度在 9991～10000 区块内包含的总交易数目是多少？</td></tr>
<tr><td>当前比特币待验证的交易数目</td><td></td></tr>
<tr><td>当前比特币待验证的交易数据量</td><td></td></tr>
<tr><td>处理完这些交易所需的区块数</td><td></td></tr>
<tr><td colspan="2">2．利用区块链浏览器学习区块链账本层构造。
观察某 P2SH 交易的赎回脚本：
OP_3DUP OP_ADD OP_PUSHNUM_9 OP_EQUALVERIFY OP_ADD OP_PUSHNUM_7 OP_EQUALVERIFY OP_ADD OP_PUSHNUM_8 OP_EQUALVERIFY OP_PUSHNUM_1
说明该脚本规定的解锁条件和运行机理，并拟写其解锁脚本。</td></tr>
<tr><td>解锁条件</td><td></td></tr>
<tr><td>运行机理</td><td></td></tr>
<tr><td>解锁脚本</td><td></td></tr>
</table>

<table>
<tr><td rowspan="12">实
验
过
程
记
录</td><td colspan="2">3．利用区块链浏览器解析并学习以太坊合约层构造。</td></tr>
<tr><td>主要步骤</td><td></td></tr>
<tr><td>心得体会</td><td></td></tr>
<tr><td colspan="2">4．体验区块链钱包原理。查阅相关资料，使用正则表达式，尝试生成满足以下条件的地址。</td></tr>
<tr><td colspan="2">（1）包含“abcd”的地址，写出所用命令，并记录结果的截图。</td></tr>
<tr><td>所用命令</td><td></td></tr>
<tr><td>结果截图</td><td></td></tr>
<tr><td colspan="2">（2）以 44 开头且以 99 结尾的地址，写出所用命令，并记录结果的截图。</td></tr>
<tr><td>所用命令</td><td></td></tr>
<tr><td>结果截图</td><td></td></tr>
</table>

<table>
<tr><td rowspan="9">实验过程记录</td><td colspan="2">（3）以 5 个数字结尾的地址，写出所用命令，并记录结果的截图。</td></tr>
<tr><td>所用命令</td><td></td></tr>
<tr><td>结果截图</td><td></td></tr>
<tr><td colspan="2">（4）以 2 个数字再接“yyy”结尾的地址，写出所用命令，并记录结果的截图。</td></tr>
<tr><td>所用命令</td><td></td></tr>
<tr><td>结果截图</td><td></td></tr>
<tr><td colspan="2">（5）尝试碰撞刚生成过的自己的某个地址，尝试逐渐减少输入的地址长度，体验并分析碰撞难度。</td></tr>
<tr><td>结果记录和分析</td><td></td></tr>
</table>

<table>
<tr><td rowspan="13">实
验
过
程
记
录</td><td colspan="2">5．拓展实验：批量获取并分析区块链元数据。</td></tr>
<tr><td colspan="2">（1）拓展实验 1：数据批量获取与挖掘。
调用公开的 API 或获取 2020 年 8 月的所有区块数据，对所有交易发布者所使用版本号 version 的情况进行统计分析，并作统计图；对 locktime 字段的使用比例进行统计分析；过滤出所有 locktime 不为 0 的交易，并将该交易数据集写入一个文件。</td></tr>
<tr><td>实验原理</td><td></td></tr>
<tr><td>主要步骤</td><td></td></tr>
<tr><td>关键步骤截图</td><td></td></tr>
<tr><td>实验结果分析</td><td></td></tr>
<tr><td colspan="2">（2）拓展实验 2：利用开源项目部署自己的区块链浏览器，并尝试调研区块链浏览器的构造方法。读者可以自行搜索区块链浏览器开源项目。</td></tr>
<tr><td>实验原理</td><td></td></tr>
<tr><td>主要步骤</td><td></td></tr>
</table>

<table>
<tr><td rowspan="2">实验过程记录</td><td>关键步骤截图</td><td></td></tr>
<tr><td>实验结果分析</td><td></td></tr>
</table>

第 4 章　以太坊客户端与分布式网络

以太坊（Ethereum）是继比特币后又一个开源的著名公共区块链平台，最突出的特点是理论上支持图灵完备的智能合约功能。以太坊沿用了比特币中的一些概念和技术，并创新性地运用于计算领域。数字货币通过基于堆栈的脚本语言来实现对交易合法性的验证；以太坊的智能合约可以支持所有的计算，包括循环，智能合约一旦执行，就会按照之前定义的程序逻辑自动强制执行。以太坊首次亮相的两年后就已拥有 400 万位用户，包括正常使用用户和开发者，他们在以太坊平台上发布了 60 万笔智能合约部署交易。

4.1　搭建分布式节点网络

4.1.1　实验目的

（1）掌握 Linux 系统的常见指令。

（2）掌握搭建分布式节点网络的方法。

（3）通过搭建多节点以太坊区块链网络，了解分布式架构。

4.1.2　实验环境

本节实验需要在 Linux 操作系统中进行，需要配置 Go 语言环境。Windows 用户可以安装虚拟机。

4.1.3　实验步骤

1．启动节点

（1）在官网文件 go-ethereum-master 下的 go-ethereum-msater/ 目录下构建 docker 镜像。

```
$sudo docker build . -t mygeth
```

注意：mygeth 为镜像名称，可随意更换。

（2）在 go-ethereum-msater/go-ethereum-msater/ 目录下新建节点数据目录 MyEthereumNet，并创建节点文件目录（本实验启动 4 个节点）。

```
$mkdir MyEthereumNet
$cd MyEthereumNet
$mkdir peer1
$mkdir peer2
$mkdir peer3
$mkdir peer4
```

（3）在 MyEthereumNet 目录下，新建 docker-compose.yml 文件。

Docker Compose 在整合发布已有的应用方面是一个很好的工具。在使用时，Docker Compose 的配置文件占据非常重要的位置。

Compose 文件定义了服务、网络和卷，其扩展名为 .yml 或 .yaml。Compose 文件有其默认路径，即 ./docker-compose.yml。

下面是一个 docker-compose.yml 文件示例：

```
version: '3'
services:
peer1:
image: mygeth
command: --ipcpath "/root/.ethereum/geth.ipc" --port 23134
ports:
- "18450:4535"
- "18460:4536"
- "13303:23134"
- "13303:23134/udp"
- "13304:23135/udp"
volumes:
- /etc/localtime:/etc/localtime
- ./ peer1/:/root/.ethereum/
environment:
- TZ=Asia/Beijing

peer2:
image: mygeth
command: --ipcpath "/root/.ethereum/geth.ipc" --port 23134
ports:
- "19450:4535"
- "19460:4536"
- "14303:23134"
- "14303:23134/udp"
- "14304:23135/udp"
volumes:
- /etc/localtime:/etc/localtime
- ./ peer2/:/root/.ethereum/
environment:
```

```
    - TZ=Asia/ Beijing

    peer3:
    image: mygeth
    command: --ipcpath "/root/.ethereum/geth.ipc" --port 23134
    ports:
    - "29450:4535"
    - "29460:4536"
    - "24303:23134"
    - "24303:23134/udp"
    - "24304:23135/udp"
    volumes:
    - /etc/localtime:/etc/localtime
    - ./ peer3/:/root/.ethereum/
    environment:
    - TZ=Asia/ Beijing

    peer4:
    image: mygeth
    command: --ipcpath "/root/.ethereum/geth.ipc" --port 23134
    ports:
    - "15650:4535"
    - "15660:4536"
    - "10503:23134"
    - "10503:23134/udp"
    - "10504:23135/udp"
    volumes:
    - /etc/localtime:/etc/localtime
    - ./ peer4/:/root/.ethereum/
    environment:
    - TZ=Asia/ Beijing
```

配置选项如下。

❖ image：从指定的镜像中启动 docker 容器，其中 mygeth 为第 1 步启动的镜像标签。
❖ bulid：在使用 up 命令启动时，将执行步骤构建任务。
❖ context：context 的内容可以是 Dockerfile 所属的文件路径。
❖ command：在容器启动后默认执行的命令。
❖ ports：端口映射，其内容可以使用一组键值对 HOST:CONTAINER 进行指定。
❖ volumes：挂载一个目录，或者一个已经存在的数据卷容器。

（4）在 MyEthereumNet 目录下启动 4 个设定的节点。

```
$docker-compose up -d
```

若出现以下错误：

```
ERROR: Couldn't connect to Docker daemon at http+docker://localunixsocket - is it running?
If it's at a non-standard location, specify the URL with the DOCKER_HOST environment variable.
```

则解决方法为：① 进入启动文件目录 MyEthereumNet；② 将用户加入 docker 组：

```
$sudo gpasswd -a ${USER}  docker
```

③ 切换到 root：

```
$sudo su
```

④ 切换到当前用户：

```
$su uername
```

⑤ 重新启动 docker 镜像：

```
$docker-compose up -d
```

2. 创建账户

本实验通过 Geth 控制台（Console）的交互环境实现多个任务，如表 4-1 所示。对应的主要方法如表 4-2 所示。

表 4-1　Geth 控制台可交互 JavaScript 对象信息

对　象	含　　义
eth	包含一些与操作区块链相关的方法
net	包含一些查看 P2P 网络状态的方法
admin	包含一些与管理节点相关的方法
miner	包含启动和停止挖矿的一些方法
personal	主要包含一些管理账户的方法
web3	包含以上对象，还包含一些单位换算的方法

表 4-2　Geth 控制台可交互 JavaScript 对象对应的主要方法

方　法	含　　义
personal.newAccount()	创建账户
personal.unlockAccount()	解锁账户
eth.accounts	枚举系统中的账户
eth.getBalance()	查看账户余额，返回值的单位是 Wei（Wei 是以太坊中最小货币面位，类似比特币的聪，1 Ether = 10^{18} Wei）
eth.blockNumber	列出区块总数
eth.getTransaction()	获取交易
eth.getBlock()	获取区块
eth.sendTransaction()	发布交易
miner.start()	开始挖矿
miner.stop()	停止挖矿
web3.fromWei()	将 Wei 换算成以太币
web3.toWei()	将以太币换算成 Wei
admin.peers	获取节点列表
admin.addPeer()	连接到其他节点

本步骤只需要使用创建账户命令：personal.newAccount( )，其结果是十六进制字符串，如“a94f5374fce5edbc8e2a8697c15331677e6ebf0b”。其他方法在“与控制台进行交互”一节中介绍。

（1）获取启动的节点容器信息。

```
$docker ps -a
$docker ps -a -q
```

记录对应于每个节点的 container_ID。

（2）执行以下命令，进入 peer1 容器。（**注意**：可以开 3 个终端窗口进行操作，分别对应 3 个节点。）

```
$docker exec -it container_peer1_ID /bin/sh
```

此处将 container_peer1_ID 替换为 peer1 的 container_ID。

（3）进入 Geth JavaScript 控制台。

```
/#geth attach ipc:/root/.ethereum/geth.ipc
```

（4）在 peer1 节点创建账户。

```
>personal.newAccount('peer1')
```

此处的 peer1 为创建账户地址的密钥。记录上述命令执行后的地址。

（5）请读者完成节点 peer2、peer3、peer4 的账户地址创建。

3．添加创世区块

（1）编写自己的创世区块内容，搭建以太坊私有网络。

创世区块 JSON 格式的配置示例：

```
{
   "config": {
      "chainId": 1,
      "constantinopleBlock": 0,
      "eip155Block": 0,
      "eip158Block": 0
   },
   "alloc" : {},
   "coinbase" : "0x1000000000000000000000000000000000000001",
   "difficulty" : "0x100",
   "extraData" : "",
   "gasLimit" : "0x0000ffff",
   "nonce" : "0x0000000000000001",
   "mixhash" : "0xffff000000000000000000000000000000000000000000000000000000000000",
   "parentHash" : "0xffff000000000000000000000000000000000000000000000000000000000000",
   "timestamp" : "0xff"
}
```

下面介绍链配置的细节。

① 链配置：config 定义了链配置的基本信息，主要影响以太坊运行时的共识协议，链配置对以太坊创世区块的影响不大，但是新区块的产生都需要依赖链配置的信息。

② 创世区块头信息设置：timestamp，表示 UTC 时间戳，对应以太坊创世区块 Time 字段；extraData，表示额外数据；gasLimit，必填项，表示燃料上限；difficulty，必填项，表示产生新区块的难度系数；mixHash，表示哈希函数值；coinbase，表示币基地址。

这有助于我们开发、测试和私有链的搭建，因为我们不需要耗费资源挖矿就可以直接拥有以太坊下的账户资产。

（2）删除每个节点下的 Geth 文件夹。

```
$rm -rf peer1/geth
$rm -rf peer2/geth
$rm -rf peer3/geth
$rm -rf peer4/geth
```

（3）将创世配置文件分别复制到每个节点下，以便在容器内能访问到。

```
$cp genesis.json peer1
$cp genesis.json peer2
$cp genesis.json peer3
$cp genesis.json peer4
```

（4）进入节点 peer1，然后执行 init 初始化操作。

```
/#geth init /root/.ethereum/genesis.json
```

上述创世区块配置文档运行一般没有问题。若出现问题，则增加 config 的内容，如方框，这在前面的链配置的链接里也有。例如：

```
{
    "config": {
        "chainId": 1,
        "homesteadBlock": 0,
        "daoForkBlock": 0,
        "daoForkSupport": true,
        "constantinopleBlock": 0,
        "eip150Block": 0,
        "eip155Block": 0,
        "eip158Block": 0,
        "byzantiumBlock": 0,
        "constantinopleBlock": 0,
        "petersburgBlock": 0,
        "ethash": {}
    },
    "alloc" : {},
    "coinbase" : "0x1000000000000000000000000000000000000001",
    "difficulty" : "0x100",
```

```
        "extraData" : "",
        "gasLimit" : "0x0000ffff",
        "nonce" : "0x0000000000000001",
        "mixhash" : "0xffff000000000000000000000000000000000000000000000000000000000000",
        "parentHash" : "0xffff000000000000000000000000000000000000000000000000000000000000",
        "timestamp" : "0xff"
    }
```

（5）对节点 peer2、peer3、peer4 初始化创世区块。

（6）重新启动搭建的节点网络：

```
$docker-compose down
$docker-compose up -d
```

然后需要重新查看每个节点的 container_ID（每次重启网络，ID 都会变化），按照之前的步骤进入每个节点的 Geth 控制台。

请读者自行查看节点 peer1、peer2、peer3、peer4 的创世区块信息。

4．节点互连

（1）随便进入一个节点容器，输入指令，进入 JavaScript 控制台，查看节点是否互连的命令如下：

```
>admin.peers
```

如果此处返回的是空集合，那么表示节点之间并没有互相发现。

（2）节点连接。查看每个节点信息的 enode：

```
>admin.nodeInfo.enode
```

所有节点的 enode 都不一样，且固定不变。根据自己的执行结果，记录所有节点的 enode（只记录 peer2、peer3、peer4 即可），如下所示。“[::]”处要替换为对应节点的 IP 地址。

```
"enode://445fnfn435ffd8g7f8dgd8v00vcb0n8cx9cv8b0xss8df6235n5b65mn6m5nb46m
n8b7b76ksuidsjbsg728sf6s8gs00wbr446kj55jk5bydododoefbfg99df4h554@[::]:23134"
```

查看 docker 容器网络信息：

```
$docker network inspect net_default
```

记录每个节点对应的 IPv4Address。

（3）进入 peer1 容器，然后进入 JavaScript 控制台，通过以下命令将其他 2 个节点添加到 peer1 的节点发现列表中。

```
>admin.addPeer("enode://445fnfn435ffd8g7f8dgd8v00vcb0n8cx9cv8b0xss8df6235
n5b65mn6m5nb46mn8b7b76ksuidsjbsg728sf6s8gs00wbr446kj55jk5bydododoefbfg99df4h
5e4394@[168.23.1.3]: 23134")
>admin.addPeer("enode://9379f7s9gsudghsdughdsuihxjhcusc794yr7947ry97w4y9r
y49wyt89w8gfd89yg9dffy9eww89409494tr804092924728474i43tb3jbtui3th43heiufhslk
dfhfkskjfh@[168.23.1.4]:23134")
```

```
>admin.addPeer("enode://3929489r38hseoifhsdhfhsuifh7fh978r7s8f0wef0rgu0gu
0rguw08eyf8we8084isdf097f8fwe79fhowh3i2iu4rh42ru4rhu4fioesjfoiefjiosjg834984
83425775298r@[168.23.1.5]:23134")
```

注意：将每个节点对应的enode和IP结合，根据自己查看的信息，两者必须对应准确，否则添加失败。

在peer1容器中，连续添加除节点1之外的其他3个节点。这一步只在peer1容器执行即可，不必在其他节点重复执行。

（4）查看节点网络

```
>admin.peers
```

返回的信息中会有其他3个节点信息：

```
[{
    caps: ["eth/62", "eth/63"],
    id: "7478487fsifyds7s9034893hfusrhf7sf87rfyr9gswe028824yr349gsdibkjsdbvssyf
        ggf4389437f498f0sd9fs09gjsjgdsf9sf9w848389fsdhfshfs98hfdf3",
    name: "Geth/v1.7.4-stable-6be4cd4b/linux-amd64/go1.9.7",
    network: {
        localAddress: "168.23.1.2:61248",
        remoteAddress: "168.23.1.4:23134"
    },
    protocols: {
        eth: {
            difficulty: 333215,
            head: "0x19437f498f0sd9fs09gjsjgdsf9sf9w848389fsdhfshfs98h8f8sfsdfdisoffk",
            version: 63
        }
    }
},
{
    caps: ["eth/62", "eth/63"],
    id: "3997747eifisfsdhfsjdkffuidsvjznxcnkjccskanclsafsyg88nasklgnsjdkbajkkfd
        sl882hw4894fhsgnksdskfkdsfnsdjfbewfgwefg834fifajkbkjabxbee",
    name: "Geth/v1.7.4-stable-6be4cd4b/linux-amd64/go1.9.7",
    network: {
        localAddress: "168.23.1.2:22932",
        remoteAddress: "168.23.1.3:23134"
    },
    protocols: {
        eth: {
            difficulty: 333215,
            head: "0x19fsdhfsjdkffuidsvjznxcnkjccskanclsafsyg88nasklgnsjdkbajkf8ewf7f",
            version: 63
```

```
            }
        }
    }]
```

至此，节点网络启动成功。

注意：“节点互连”是临时性的，每次重启 docker 后，需要重新配置连接，所以不要关闭网络，继续下面的操作。

4.1.4 实验报告

在实验报告中简要记录关键实验步骤，并给出本书没有给到的命令。

4.2 与控制台进行交互

4.2.1 实验目的

通过以太坊 Geth 控制台，熟悉以太坊的基本操作（无智能合约）。

4.2.2 实验环境

本实验在 4.1 节的基础上进行；需要在 Linux 操作系统中进行，需要配置 Go 语言环境；Windows 用户可以安装虚拟机。

4.2.3 实验步骤

下面列举控制台常用的一些命令。

1．账户解锁

```
>personal.unlockAccount(eth.accounts[0], 'XXX', 0)
```

注意：eth.accounts 返回当前节点的账户列表，每个节点可以创建多个账户地址（类似于每个人有多张银行卡），eth.accounts[0]表示众多账户地址的第一个账户，XXX 表示创建账户地址时的密钥。

如果返回 true，那么表示解锁成功。解锁成功后，就可以挖矿与交易了。

2．启动挖矿

```
>miner.start(1)
```

使用单线程挖矿，返回 null。

3．停止挖矿

```
>miner.stop()
```

返回 null。

4．获取区块

```
>eth.getBlock(0)
```

获取创世区块的信息，改变数字可查看其他区块信息。

5．当前区块总数

```
>eth.blockNumber
```

6．查询账户余额

```
>web3.fromWei(eth.getBalance(eth.accounts[0])
```

返回以 Ether 为单位的余额。

7．发布交易

```
>eth.sendTransaction({from:eth.accounts[0],
                      to:"0x0b6acdd3dff2be9aea88f53ca6c6acdb36d34d1",
                      value:web3.toWei(100, "ether")})
```

以上参数的说明如下。

- from：发起交易方，也就是当前节点账户。
- to：接收地址。
- value：转账金额，此处转了 100 以太币。

执行以上指令后，会返回一个交易的 Hash 值。

8．查看交易信息

```
>eth.getTransaction(hash)
```

9．读者完成：启动、停止挖矿

要求：进入每个节点 Geth 控制台，所有节点启动挖矿，查看当前的区块总数，查看每个节点的账户余额，查看第 9、10、11 等三个连续区块的信息（重点关注区块的 Hash 值，以理解区块链的含义），所有节点停止挖矿后，在每个节点的 Geth 控制台中，再次查看当前的区块总数。

10．读者完成：实现一笔转账交易

要求：所有节点重新启动挖矿，节点 peer1 向节点 peer2 进行一笔转账操作，获取笔交易的详细信息，返回包含此交易的区块信息，停止挖矿。

4.2.4 实验报告

在实验报告中简要记录关键实验步骤，并给出本书没有给出的命令。

4.3 拓展实验：测试以太坊的吞吐率

吞吐率是衡量区块链网络性能的重要指标之一，可以理解为单位时间内能够处理的交易数量。例如，比特币的吞吐率是 7 tps（transactions per second），即每秒处理 7 笔交易。

查阅相关命令，设计实验，测出以太坊的吞吐率，并提交测试结果的报告。

可能会用到的命令包括：

① 列出创建的镜像：

```
$docker images -a
```

② 删除镜像：

```
$docker rmi name/ID
```

③ 查看 APT 进程：

```
$ps -A | grep apt
```

④ 关闭进程：

```
$sudo kill "ID"
```

⑤ 在特定的数据目录 data 下初始化操作：

```
/#geth --datadir /root/.ethereum/data init /root/.ethereum/genesis.json
```

4.4 本章实验报告模板

读者在做本章实验时应及时记录实验结果，建议撰写实验报告，对实验进行总结和思考。本章实验报告模板如下。

<table>
<tr><th>类型</th><th colspan="2">实验报告内容</th></tr>
<tr><td rowspan="3">问答题</td><td colspan="2">查阅相关资料，总结以太坊和比特币的异同。</td></tr>
<tr><td>相同点</td><td></td></tr>
<tr><td>不同点</td><td></td></tr>
<tr><td rowspan="3">实验过程记录</td><td colspan="2">1．搭建分布式节点网络。</td></tr>
<tr><td colspan="2">（1）完成节点 peer2、peer3、peer4 的账户地址的创建。</td></tr>
<tr><td>所用命令</td><td></td></tr>
</table>

<table>
<tr><td rowspan="10">实验过程记录</td><td>结果截图</td><td></td></tr>
<tr><td colspan="2">（2）查看节点 peer1、peer2、peer3、peer4 的创世区块信息。</td></tr>
<tr><td>所用命令</td><td></td></tr>
<tr><td>结果截图</td><td></td></tr>
<tr><td colspan="2">2．与控制台进行交互。</td></tr>
<tr><td colspan="2">（1）启动、停止挖矿。要求：进入每个节点 Geth 控制台，所有节点启动挖矿，查看当前的区块总数、每个节点的账户余额，查看第 9～11 三个连续区块的信息（重点关注区块的 Hash 值，以理解区块链的含义）。所有节点停止挖矿后，在每个节点的 Geth 控制台中再次查看当前的区块总数。</td></tr>
<tr><td>所用命令</td><td></td></tr>
<tr><td>结果截图</td><td></td></tr>
</table>

<table>
<tr><td rowspan="9">实
验
过
程
记
录</td><td colspan="2">（2）实现一笔转账交易。要求：所有节点重新启动挖矿，节点 peer1 向节点 peer2 进行一笔转账操作，获取此笔交易的详细信息，返回包含此交易的区块信息，停止挖矿。</td></tr>
<tr><td>所用命令</td><td></td></tr>
<tr><td>结果截图</td><td></td></tr>
<tr><td colspan="2">3．拓展实验：测试以太坊的吞吐率。查阅相关指令，设计实验，测出以太坊的吞吐率。</td></tr>
<tr><td>实验原理</td><td></td></tr>
<tr><td>主要步骤</td><td></td></tr>
<tr><td>关键步骤截图</td><td></td></tr>
<tr><td>实验结果分析</td><td></td></tr>
</table>

第 5 章　IPFS-P2P 私有网络搭建

IPFS 由 Protocol Lab 设计提出。它是一个点对点的分布式文件共享系统，其目标是成为一个完全分散的互联网文件系统。IPFS 目前组成了互联网的一个子系统，使互联网上的文件交换更加安全与开放。IPFS 参与用户搜索的不是某个特定的地址，而是储存在某个计算设备的内容。它只需要验证搜索内容的 Hash 函数值。这样的搜索方式可以让互联网加载网页的速度更快、更加安全、更加稳定。

在本实验中，要求读者掌握远程登录服务器、IPFS 安装和 Wireshark 的学习和使用。

5.1　IPFS 安装和 P2P 网络搭建

5.1.1　实验目的

(1) 学会远程操作的基本工具使用。

(2) 学习搭建 IPFS 分布式私有网络，体会 P2P 网络架构。

(3) 学习使用 IPFS 常用命令进行相关操作。

5.1.2　原理简介

1. PuTTY

PuTTY 是一个集成了以 Telnet、SSH、Rlogin、纯 TCP 和串行接口的方式连接的软件，在 Windows 系统下，按照提示安装即可。

2. WinSCP

WinSCP 是一个图形化的文件传输客户端，通过 SSH 方式登录，所以保证了文件传输的安全性，在 Windows 系统下，按照提示安装即可。

3. Wireshark

Wireshark 可以对网络数据抓取封包并进行分析，在 Windows 系统下，按照提示安装即可。

5.1.3 实验环境

操作系统：Windows（主机）和 2 台 Linux 服务器（虚拟机）。

读者可以灵活选取主机和服务器的操作环境。

5.1.4 实验步骤

表 5-1 中给出了 Linux 操作系统中的一些常用命令。

表 5-1 Linux 操作系统中的一些常用命令

命　令	含　义
cd <path>	进入<path>目录
cd..	返回上一级目录
cd	进入个人主目录
pwd	显示当前工作路径
ls	查看当前目录的文件
mkdir abc	创建名为“abc”的目录
mv <srcDir> <dstDir>	将源文件 srcDir 移动到目标目录 dstDir
cp <srcDir> <dstDir>	将源文件复制到目的文件目录
tar -zxvf <srcDir> -C <dstDir>	将源文件 srcDir 解压到目标目录 dstDir
apt install <package Name>	安装更新 deb 包
apt update	升级软件包
apt upgrade	升级所有已安装的软件

1．远程登录服务器

(1) 查看 IP 地址

打开虚拟机，启动两台 Ubuntu 系统，安装网络工具包：

```
$ sudo apt install net-tools
```

输入命令：

```
$ ifconfig
```

记录远程服务器的 IP 地址，如图 5-1 所示。

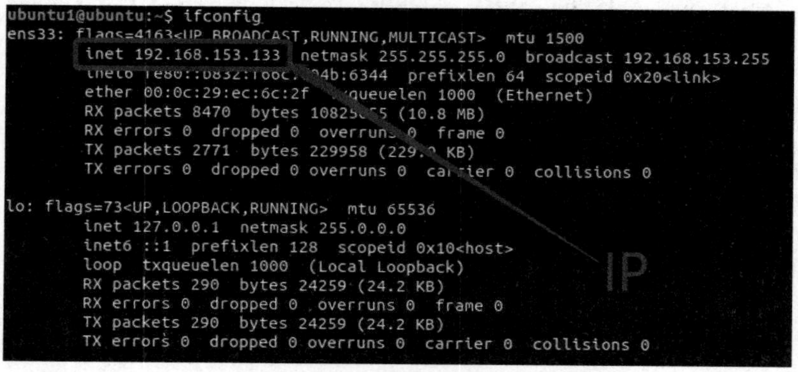

```
ubuntu1@ubuntu:~$ ifconfig
ens33: flags=4163<UP,BROADCAST,RUNNING,MULTICAST>  mtu 1500
        inet 192.168.153.133  netmask 255.255.255.0  broadcast 192.168.153.255
        inet6 fe80::b832:f66c:94b:6344  prefixlen 64  scopeid 0x20<link>
        ether 00:0c:29:ec:6c:2f  txqueuelen 1000  (Ethernet)
        RX packets 8470  bytes 1082555 (10.8 MB)
        RX errors 0  dropped 0  overruns 0  frame 0
        TX packets 2771  bytes 229958 (229. KB)
        TX errors 0  dropped 0 overruns 0  carrier 0  collisions 0

lo: flags=73<UP,LOOPBACK,RUNNING>  mtu 65536
        inet 127.0.0.1  netmask 255.0.0.0
        inet6 ::1  prefixlen 128  scopeid 0x10<host>
        loop  txqueuelen 1000  (Local Loopback)
        RX packets 290  bytes 24259 (24.2 KB)
        RX errors 0  dropped 0  overruns 0  frame 0
        TX packets 290  bytes 24259 (24.2 KB)
        TX errors 0  dropped 0 overruns 0  carrier 0  collisions 0
```

IP

图 5-1 记录远程服务器的 IP 地址

（2）安装 SSH（Secure Shell）服务

```
$ sudo apt install openssh-server
```

查看是否安装成功：

```
$ ps -e | grep ssh
```

出现如图 5-2 所示信息，则表示 SSH 服务安装成功。

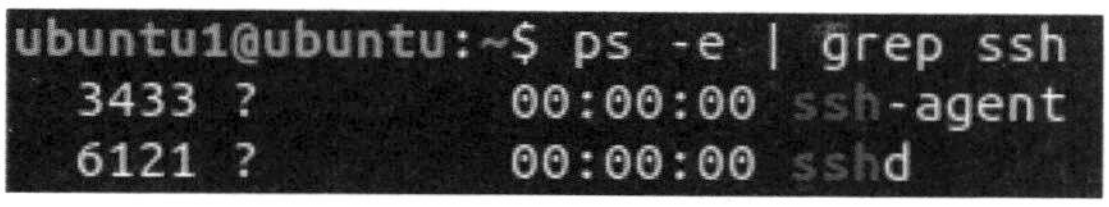

```
ubuntu1@ubuntu:~$ ps -e | grep ssh
  3433 ?        00:00:00 ssh-agent
  6121 ?        00:00:00 sshd
```

图 5-2　SSH 服务安装成功

（3）远程登录服务器（PuTTY 使用）

在 Windows 系统下，打开安装好的 PuTTY 工具。查阅 PuTTY 的使用说明，打开两个 PuTTY 客户端，分别登录两台远程服务器，如图 5-3 所示。

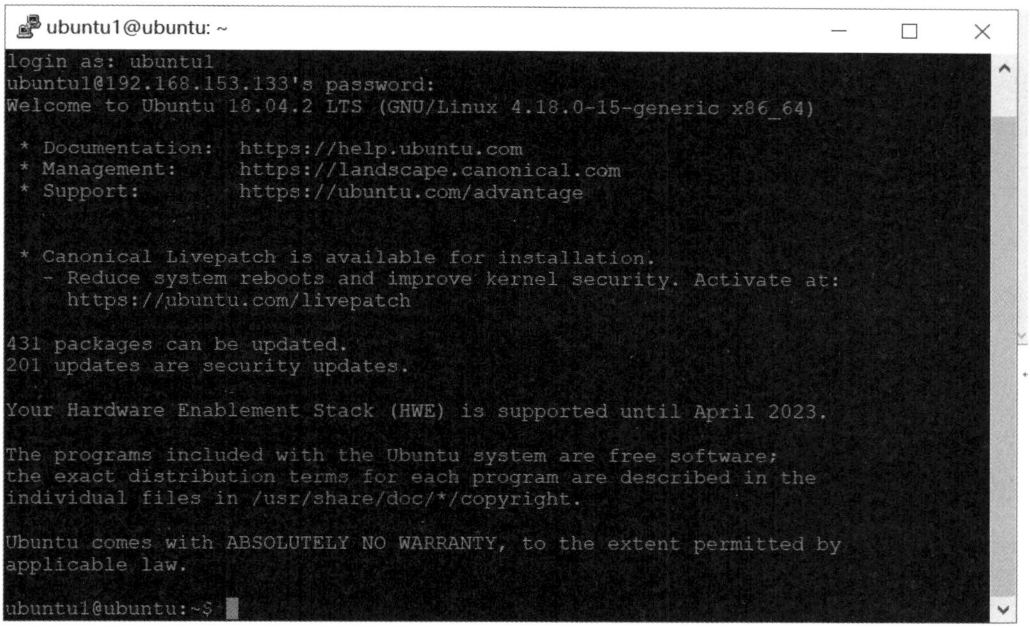

```
ubuntu1@ubuntu: ~
login as: ubuntu1
ubuntu1@192.168.153.133's password:
Welcome to Ubuntu 18.04.2 LTS (GNU/Linux 4.18.0-15-generic x86_64)

 * Documentation:  https://help.ubuntu.com
 * Management:     https://landscape.canonical.com
 * Support:        https://ubuntu.com/advantage


 * Canonical Livepatch is available for installation.
   - Reduce system reboots and improve kernel security. Activate at:
     https://ubuntu.com/livepatch

431 packages can be updated.
201 updates are security updates.

Your Hardware Enablement Stack (HWE) is supported until April 2023.

The programs included with the Ubuntu system are free software;
the exact distribution terms for each program are described in the
individual files in /usr/share/doc/*/copyright.

Ubuntu comes with ABSOLUTELY NO WARRANTY, to the extent permitted by
applicable law.

ubuntu1@ubuntu:~$
```

图 5-3　PuTTY 远程登录成功

若出现如图 5-3 所示的信息，则表示远程登录成功。

两个 Ubuntu 系统不要关闭，最小化即可，接下来只需在 PuTTY 客户端远程操作 Ubuntu 系统（在真实的服务器环境下，只能远程登录对服务器进行管理操作）。

2. 依赖环境安装

（1）Vim 安装

Vim 是一个著名的功能强大的文本编辑器，在 vi 的基础上增加了很多特性。

```
$ sudo apt install vim
```

(2) Go 语言安装

IPFS 由 Go 语言实现，后续操作也会依赖 Go 环境。根据本书第 1 章中的步骤，在 Ubuntu1 和 Ubuntu2 中离线安装 Go 语言，配置环境变量。

(3) 安装 Git（在线命令行安装）

Git 可以有效、高速地处理各种项目管理。

```
$ sudo apt install git
```

3．安装 IPFS

在两台服务器上分别安装 IPFS。先在 Ubuntu1 进行操作，将下载好的 IPFS 上传到 Ubuntu1 服务器，在主目录下新建 IPFS 目录，进入安装包所在目录，解压到 IPFS 目录：

```
$ sudo tar -zxvf go-ipfs_v0.4.17_linux-amd64.tar.gz -C ~/IPFS/
```

将解压后的 IPFS 文件复制到 /usr/bin 目录下：

```
$ cp ~/IPFS/go-ipfs/ipfs /usr/bin
```

请读者在 Ubuntu2 中重复此流程。

4．IPFS 初始化

在两台服务器中执行初始化命令：

```
$ ipfs init
```

5．私有网络的共享密钥生成

该步骤的内容是只需要在一台服务器进行操作。我们搭建一个 P2P 私有网络，对 IPFS 进行测试，只有手握相同密钥的参与用户才可以加入私有网络，go-ipfs-swarm-key-gen 工具可以生成共享密钥。

```
$ go get -u github.com/Kubuxu/go-ipfs-swarm-key-gen/ipfs-swarm-key-gen
```

进入下载目录：

```
$ cd ~/go/src/github.com/Kubuxu/go-ipfs-swarm-key-gen/ipfs-swarm-key-gen
```

执行如下命令，生成可执行文件 ipfs-swarm-key-gen：

```
$ go build
```

生成 key：

```
$ ./ipfs-swarm-key-gen > ~/.ipfs/swarm.key
```

将上述生成的密钥 key 复制到 Ubuntu2 相同的目录下：

```
$ scp ~/.ipfs/swarm.key ubuntu2@ubuntu2 IP:~/.ipfs/
```

6．移除默认的 Bootstrap 节点

该步骤的内容是在两台服务器上都进行操作。

```
$ ipfs bootstrap rm --all
```

7．Ubuntu1 启动节点服务

```
$ ipfs daemon
```

查看节点 ID：

```
$ ipfs id
```

8．Ubuntu2 中添加节点 Ubuntu1

```
$ ipfs bootstrap add /ip4/192.168.1.63/tcp/4001/ipfs/XXX
```

其中，XXX 为节点 Ubuntu1 的 ID。

Ubuntu2 启动节点服务：

```
$ ipfs daemon
```

若出现如图 5-4 所示的界面，则启动成功。

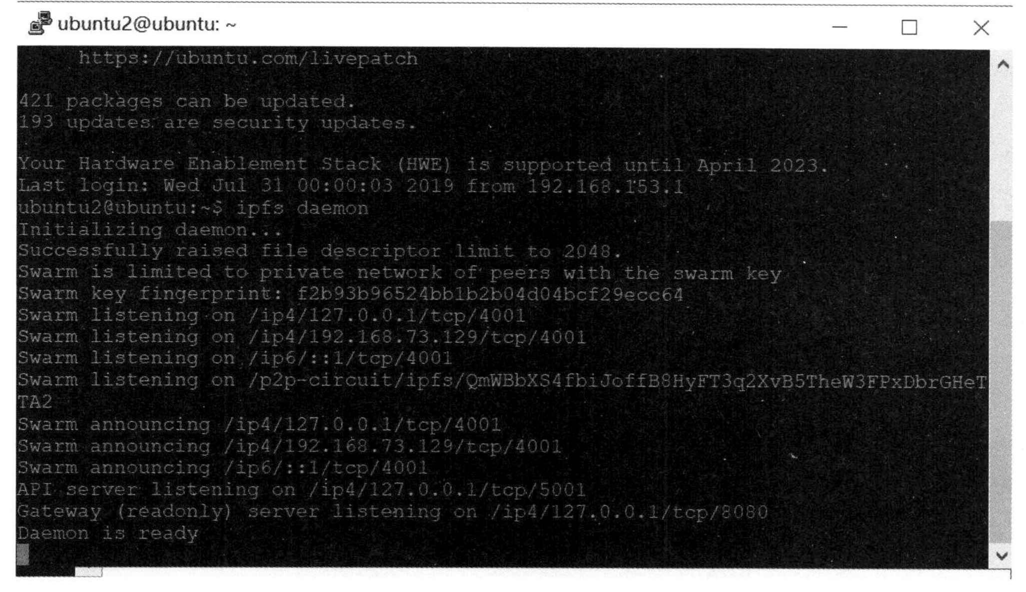

图 5-4　节点启动成功

注意：启动后，当前 PuTTY 终端无法输入命令行（按 Ctrl+C 组合键，或者在命令行中执行“ipfs shutdown”命令，可以停止服务，在实验结束后再执行此操作），此终端不要关闭，重新启动一个新的 PuTTY 终端，继续进行后续操作。

9．测试数据抓包

请读者自行完成下述工作。

（1）通过 IPFS 命令与网络交互，完成以下任务。

① 查看引导节点列表，并查看已连接的其他 IPFS 节点。

② 在本地节点添加目录，并查看本地存储的所有文件。

③ 在本地节点中下载和删除文件。

提示：ipfs commands 命令可以显示所有命令。

(2) 用 Wireshark 抓取以下测试的数据包。

在 Ubuntu1 中建立一个文件，并添加到 IPFS 网络：

```
$ echo I-Love-IPFS > ipfs.txt
$ ipfs add ipfs.txt
```

在 Ubuntu2 中，利用文件的 Hash 值，读取 ipfs.txt。

```
$ ipfs cat QmTsNCSsmLJvM6uHPAp8jvQ1PLkyu4wxSycQiy6W74oBm4
```

至此，私有网络搭建完成。

5.1.5 实验报告

将上述实验中的结果截图记录到实验报告中。

5.2 拓展实验：多人文件传输测试

本实验为拓展实验，以小组为单位（3～4 人），搭建 IPFS 私有网络；小组成员作为网络节点接入，进行文件的传输测试；使用 Wireshark 对网络的运行进行抓包并分析说明。

5.3 本章实验报告模板

读者在做本章实验时应及时记录实验结果，建议撰写实验报告，对实验进行总结和思考。本章实验报告模板如下。

<table>
<tr><th>类型</th><th colspan="2">实验报告内容</th></tr>
<tr><td rowspan="4">问答题</td><td colspan="2">查阅相关资料，回答 IPFS 所用的关键技术，要求列出 3 项。</td></tr>
<tr><td>关键技术 1</td><td></td></tr>
<tr><td>关键技术 2</td><td></td></tr>
<tr><td>关键技术 3</td><td></td></tr>
</table>

<table>
<tr><td rowspan="11">实验过程记录</td><td colspan="2">1．IPFS 安装与 P2P 网络搭建</td></tr>
<tr><td colspan="2">（1）通过 IPFS 命令与网络交互，完成以下任务：查看引导节点列表并查看已连接的其他 IPFS 节点；在本地节点添加文件夹并查看本地存储的所有文件；在本地节点中下载和删除文件。</td></tr>
<tr><td>所用命令 1</td><td></td></tr>
<tr><td>结果截图 1</td><td></td></tr>
<tr><td>所用命令 2</td><td></td></tr>
<tr><td>结果截图 2</td><td></td></tr>
<tr><td colspan="2">(2)用 Wireshark 抓取以下测试数据包:在 Ubuntu1 建立一个文件,并添加到 IPFS 网络;在 Ubuntu2 中利用文件的 Hash 值，读取 ipfs.txt。</td></tr>
<tr><td>所用命令 1</td><td></td></tr>
</table>

<table>
<tr><td rowspan="6">实验过程记录</td><td>抓包结果 1</td><td></td></tr>
<tr><td>所用命令 2</td><td></td></tr>
<tr><td>抓包结果 2</td><td></td></tr>
<tr><td colspan="2">2．拓展实验：多人文件传输测试。
以小组为单位（3～4 人），搭建 IPFS 私有网络，小组成员作为网络节点接入，进行文件的传输测试，使用 Wireshark 对网络的运行进行抓包并分析说明。</td></tr>
<tr><td>实验原理</td><td></td></tr>
<tr><td>主要步骤</td><td></td></tr>
</table>

实验过程记录	关键步骤截图	
	实验结果分析	

第 6 章　超级账本项目 Fabric 实验

超级账本（Hyperledger）是由 Linux 基金会于 2015 年启动的区块链开源项目，该项目一经启动，反响热烈，一举成为区块链生态圈的明星项目。目前，已经有超过 200 家的会员单位参与进超级账本项目。超级账本项目旨在让一个组织的组织成员都能享受到去中心化的区块链账本带来的应用级便利，都能够参与到区块链账本的维护和建设中，使区块链账本应用能够在各行各业上线、应用、落地，满足各种各样的安全性需求。

Fabric 是目前超级账本最为成熟和流行的一个项目。与比特币、以太坊等公链系统不同，Fabric 拥有一套完整的联盟链体系，一条区块链的规模相对较小，但其拥有严格的准入规则和身份管理规则，建立了模块化的共识机制、身份管理体系、智能合约、应用客户端、隐私保护模块和证书体系。Fabric 系统具有强大的内部成员可信性，这样使得其共识机制可以集中处理交易的排序问题，多采用分布式系统的共识，如 Raft、Kafka 等，效率极高，因此交易速度和吞吐率都在数量级上超越了比特币、以太坊等经典的公链系统。

本章实验将介绍 Fabric 联盟链的系统架构、基本运作模式，带领读者搭建一个简单的 Fabric 网络，部署并调用简单的链码，在拓展实验中，读者还可以在 Fabric 中使用 CouchDB 进行富查询操作。

6.1　Fabric 环境的配置

6.1.1　实验目的

（1）熟悉 Fabric 环境配置的基本流程。

（2）掌握增加 Fabric 环境配置速度的方法。

6.1.2　原理简介

区块链系统根据面向群体是否公开、准入规则、规模大小、去中心化程度，一般分为公有链、联盟链和私有链。其中，私有链的中心化程度较为严重；相比于公有链，联盟链加入了准入的规则，即节点或用户的身份需要经过认证。另外，联盟链实际上是介于公有链和私有链中间的一类区块链，只不过与私有链具有本质上的相似性，即拥有严格的准入规则，但其规模远超私有链；与无准入规则、公开可访问的公有链有本质上的区别。因此，也可以说，联盟链是一种特殊的私有链。

联盟链有以下特点：

① 弱中心化（或称为多中心化、部分去中心化）。在某种意义上，联盟链不像公有链一样归属于任何大众，而是存在于规则严格的联盟组织内部。由于联盟链节点数量大多都是有限的，因此联盟组织内部达成共识相对较容易。这也是联盟链交易确认速度、吞吐率较高的重要原因。

② 有较强的可控性。公有链的节点是海量的、无许可的，在公有链中，数据只要上链并确认，一般是不可篡改的。但在联盟链中，达成共识比较容易，因此有一定的可控性。

③ 数据默认不公开。联盟链仅供联盟组织内部成员调用其数据。

本章实验中的 Fabric 便是联盟链项目的典型例子。

6.1.3　实验环境

本实验需要在 Linux 操作系统下进行，Windows 用户可以通过虚拟机进行实验。

6.1.4　实验步骤

1．替换软件源

Ubuntu 系统内置的软件源下载速度会有较大的波动，为了不影响实验，建议将系统软件源换成国内的软件源。

提示：如果未安装 Vim，请先安装 Vim。

可编辑 /etc/apt/source.list，以替换软件源。

替换完成后，使用“sudo apt update”和“sudo apt upgrade”命令对系统软件包进行更新。

软件源链接一般如下，XXX 指的是国内软件镜像站的名称，YYY 指的是 Ubuntu 版本。

```
deb http://mirrors.XXX.com/ubuntu/ YYY main restricted universe multiverse
deb-src http://mirrors.XXX.com/ubuntu/ YYY main restricted universe
multiverse
deb http://mirrors.XXX.com/ubuntu/ YYY-security main restricted universe multiverse
deb-src http://mirrors.XXX.com/ubuntu/ YYY-security main restricted universe multiverse
deb http://mirrors.XXX.com/ubuntu/ YYY-updates main restricted universe multiverse
deb-src http://mirrors.XXX.com/ubuntu/ YYY-updates main restricted universe multiverse
deb http://mirrors.XXX.com/ubuntu/ YYY-backports main restricted universe multiverse
deb-src http://mirrors.XXX.com/ubuntu/ YYY-backports main restricted universe multiverse
deb http://mirrors.XXX.com/ubuntu/ YYY-proposed main restricted universe multiverse
deb-src http://mirrors.XXX.com/ubuntu/ YYY-proposed main restricted universe multiverse
```

2．安装 Git 和 Curl

在终端中自行安装。

3．Go 的安装和配置（若此前已经配置好，则跳过此步）

详见第 1 章。

4．docker 的安装和配置

（1）准备安装。

```
sudo apt update
```

（2）下载相关工具。

```
sudo apt install apt-transport-https
sudo apt install ca-certificates
sudo apt install software-properties-common
```

（3）添加 docker 官方 GPG 密钥。

```
curl -fsSL https://download.docker.com/linux/ubuntu/gpg | sudo apt-key add -
```

（4）设立仓库。

```
sudo add-apt-repository "deb [arch=amd64] https://download.docker.com/linux/ubuntu \
                         $(lsb_release -cs) stable"
```

（5）安装最新版本 docker-ce。

```
sudo apt install docker-ce
```

（6）添加 Docker Hub 镜像。

```
sudo mkdir -p /etc/docker
sudo gedit /etc/docker/daemon.json
```

（7）将下列内容写入 daemon.json 文件中，保存后退出。

```
{
   "registry-mirrors" : ["https://mirrors.XXX.com"]
}
```

（8）重启 docker 服务。

```
sudo systemctl daemon-reload
sudo systemctl restart docker
```

（9）添加当前用户权限，其中 usernamr 是用户名。

```
sudo usermod -aG docker username
sudo chmod -R 777 /var/run/docker.sock
```

（10）测试。

输入如下命令：

```
docker version
```

若出现图 6-1 的内容，则表明 docker 安装配置完毕。

```
ripts$ docker version
Client: Docker Engine - Community
 Version:           19.03.5
 API version:       1.40
 Go version:        go1.12.12
 Git commit:        633a0ea838
 Built:             Wed Nov 13 07:29:52 2019
 OS/Arch:           linux/amd64
 Experimental:      false

Server: Docker Engine - Community
 Engine:
  Version:          19.03.5
  API version:      1.40 (minimum version 1.12)
  Go version:       go1.12.12
  Git commit:       633a0ea838
  Built:            Wed Nov 13 07:28:22 2019
  OS/Arch:          linux/amd64
  Experimental:     false
 containerd:
  Version:          1.2.10
  GitCommit:        b34a5c8af56e510852c35414db4c1f4fa6172339
 runc:
  Version:          1.0.0-rc8+dev
  GitCommit:        3e425f80a8c931f88e6d94a8c831b9d5aa481657
 docker-init:
  Version:          0.18.0
  GitCommit:        fec3683
```

图 6-1　docker 安装配置完毕

5．docker-compose 的安装

请自行安装 python-pip。用 pip 安装 docker-compose：

```
sudo pip install docker-compose
```

测试，输入如下命令：

```
docker-compose version
```

若出现图 6-2 类似的内容，则表明 docker-compose 安装配置完毕。

```
blockchain@blockchain-virtual-machine:~/go/src/github.com/hyperledger/fabric/sc
ripts$ docker-compose version
docker-compose version 1.25.0, build b42d419
docker-py version: 4.1.0
CPython version: 2.7.15+
OpenSSL version: OpenSSL 1.1.1  11 Sep 2018
```

图 6-2　docker-compose 安装配置完毕

6．Fabric 的安装

本节的 Fabric 源码来自 Fabric 官方在 Github 上公布的开源源码，实验步骤参考 Fabric 官方技术文档 1.4 版本的 first-network 入门实验。

创建并进入工作目录：

```
mkdir -p $GOPATH/src/github.com/hyperledger/
```

```
cd $GOPATH/src/github.com/hyperledger/
```

从 Github 克隆源码：

```
git clone https://github.com/hyperledger/fabric.git
cd fabric
git checkout v1.4.0
```

执行 scripts 目录中的 bootstrap.sh 脚本会自动下载 fabric-samples 和 fabric 镜像（由于镜像较大，此过程需要较长时间完成）：

```
cd scripts/
./bootstrap.sh
```

脚本完成后会发现当前目录有了 fabric-samples 目录，之后执行：

```
docker images
```

如出现图 6-3 所示的内容，则说明镜像部署成功。此时，Fabric 1.4 的基础环境已搭建完成。

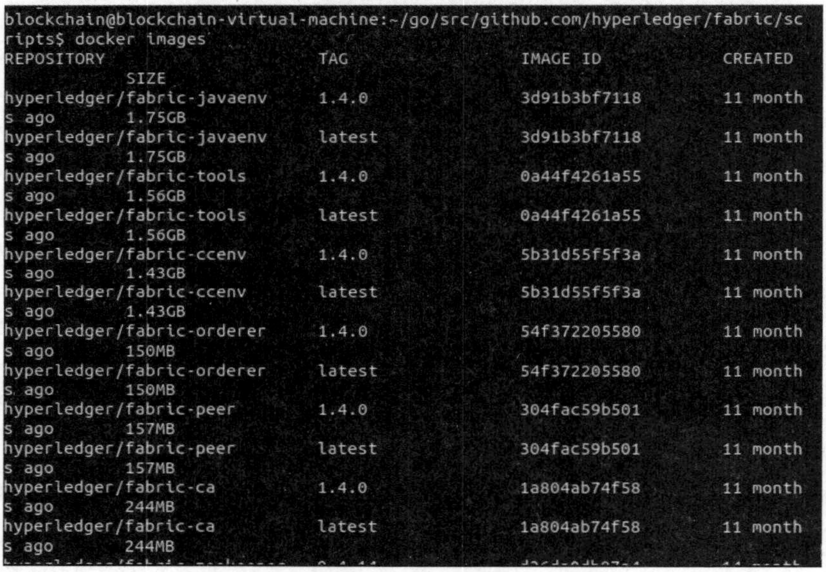

```
blockchain@blockchain-virtual-machine:~/go/src/github.com/hyperledger/fabric/sc
ripts$ docker images
REPOSITORY                     TAG                 IMAGE ID            CREATED
             SIZE
hyperledger/fabric-javaenv     1.4.0               3d91b3bf7118        11 month
s ago        1.75GB
hyperledger/fabric-javaenv     latest              3d91b3bf7118        11 month
s ago        1.75GB
hyperledger/fabric-tools       1.4.0               0a44f4261a55        11 month
s ago        1.56GB
hyperledger/fabric-tools       latest              0a44f4261a55        11 month
s ago        1.56GB
hyperledger/fabric-ccenv       1.4.0               5b31d55f5f3a        11 month
s ago        1.43GB
hyperledger/fabric-ccenv       latest              5b31d55f5f3a        11 month
s ago        1.43GB
hyperledger/fabric-orderer     1.4.0               54f372205580        11 month
s ago        150MB
hyperledger/fabric-orderer     latest              54f372205580        11 month
s ago        150MB
hyperledger/fabric-peer        1.4.0               304fac59b501        11 month
s ago        157MB
hyperledger/fabric-peer        latest              304fac59b501        11 month
s ago        157MB
hyperledger/fabric-ca          1.4.0               1a804ab74f58        11 month
s ago        244MB
hyperledger/fabric-ca          latest              1a804ab74f58        11 month
s ago        244MB
```

图 6-3　Fabric 镜像部署成功

6.1.5　实验报告

简述 Fabric 环境配置的流程，附上配置成功的截图。

6.2　first-network 的启动和 Channel 的配置

6.2.1　实验目的

（1）掌握 Fabric 的成员组成和系统构造。

（2）掌握 Fabric 简单网络的启动和通道的配置方法。

6.2.2 原理简介

1．节点分类

Fabric 中的节点主要分为两大类：Peer 节点和 Orderer 节点。其中，Peer 节点的主要功能是背书，即先模拟执行客户端提交的交易提案，若执行通过，则对该交易进行背书并返还给客户端，还具备存储区块链链上的数据的功能。Orderer 节点也叫排序节点，主要负责对背书后的交易进行排序共识，并打包发送给 Peer 节点上链。

每个 Peer 节点可以担任多种角色，如 Anchor Peer（锚节点，允许被其他 Peer 节点发现）、Endorser Peer（背书节点，模拟执行客户端提交的交易提案对交易进行背书并返给客户端）、Leader Peer（主节点，具有和 Orderer 节点进行通信的功能）、Committer Peer（记账节点，广播、同步、存储区块链数据）。

2．Fabric 机理：通道（Channel）

通道是 Fabric 中非常重要的概念，对一般用户来说，通道是指应用通道。通道的主要作用是对不同的账本进行隔离，可以理解为，有几条通道就有几条独立运行的区块链。

6.2.3 实验环境

在 6.1 节配置好的 Fabric 环境的基础上进行。

6.2.4 实验步骤

1．启动 first network

（1）本实验要求跟随指导书的指令引导，搭建第一个 Fabric 网络。首先定位到以下目录：

```
cd ~
cd go/src/github.com/hyperledger/fabric/scripts/fabric-samples/first-
network/
```

（2）生成证书、密钥。

```
../bin/cryptogen generate --config=./crypto-config.yaml
```

（3）执行如下命令：

```
tree crypto-config
```

生成 ordererOrganizations 和 peerOrganizations 两个组织。其中，peerOrganizations 中包含 org1.example.com 和 org2.example.com 两个组织。具体命令如下：

```
cd crypto-config/
ls
sudo apt install tree
tree
```

（4）生成 Orderer 节点的 genesis block。

```
cd ..
export FABRIC_CFG_PATH=$PWD
../bin/configtxgen -profile TwoOrgsOrdererGenesis -channelID byfn-sys-
channel -outputBlock ./channel-artifacts/genesis.block
```

（5）创建 channel transaction 的配置。

```
export CHANNEL_NAME=mychannel  && ../bin/configtxgen -profile
TwoOrgsChannel -outputCreateChannelTx ./channel-artifacts/channel.tx -channelID $CHANNEL_NAME
```

（6）在 Channel 上定义 org1 的 Anchor Peer。

```
../bin/configtxgen -profile TwoOrgsChannel -
outputAnchorPeersUpdate ./channel-artifacts/Org1MSPanchors.tx -channelID
$CHANNEL_NAME -asOrg Org1MSP
```

（7）输入相关命令，在 Channel 上定义 org2 的 Anchor Peer，然后输出 channel-artifacts 文件夹包含的文件。

（8）输入以下命令：

```
../bin/configtxgen -profile TwoOrgsChannel -
outputAnchorPeersUpdate ./channel-artifacts/Org2MSPanchors.tx -channelID
$CHANNEL_NAME -asOrg Org2MSP
tree channel-artifacts/
```

查看排序创世块和通道创世块的命令分别如下：

```
../bin/configtxgen -profile TwoOrgsOrdererGenesis -
inspectBlock ./channel-artifacts/genesis.block
../bin/configtxgen -profile TwoOrgsOrdererGenesis -
inspectChannelCreateTx ./channel-artifacts/channel.tx
```

以 JSON 格式解析给出区块的内容。

（9）使用 docker-compose，根据配置文件来启动网络。

```
docker-compose -f docker-compose-cli.yaml up -d
```

2．在 CLI 容器中配置 Channel

（1）加入 CLI 容器。

```
docker exec -it cli bash
```

（2）将节点切换到 peer0.org1。

```
CORE_PEER_MSPCONFIGPATH=/opt/gopath/src/github.com/hyperledger/fabric/peer/crypto/
                    peerOrganizations/org1.example.com/users/Admin@org1.example.com/msp
CORE_PEER_ADDRESS=peer0.org1.example.com:7051
CORE_PEER_LOCALMSPID="Org1MSP"
CORE_PEER_TLS_ROOTCERT_FILE=/opt/gopath/src/github.com/hyperledger/fabric/peer/crypto/
```

```
        peerOrganizations/org1.example.com/peers/peer0.org1.example.com/tls/ca.crt
```

（3）下面进行 Channel 创建，应该与前面创建的 Channel 配置保持一样的名字。

```
export CHANNEL_NAME=mychannel
peer channel create -o orderer.example.com:7050 -c $CHANNEL_NAME -f
   ./channel-artifacts/channel.tx --tls --cafile
/opt/gopath/src/github.com/hyperledger/fabric/peer/crypto/ordererOrganizations/
   example.com/orderers/orderer.example.com/msp/tlscacerts/tlsca.example.com -cert.pem
```

“-c”标志指定 Channel 的名字，“-f”标志指定配置交易，本例中是 channel.tx。

这时可以看到目录中多了一个创世区块 mychannel.block，包含 channel.tx 的配置信息，从而可以加入 Channel。

（4）下面加入 peer0.org1 的通道，进行链码的相关配置。

```
peer channel join -b mychannel.block
```

（5）输入相关命令，将 peer0.org2.example.com:7051 也加入 Channel。

（6）更新 peer0.org1.example.com 的 Anchor Peer 信息。

```
CORE_PEER_LOCALMSPID="Org1MSP"
CORE_PEER_TLS_ROOTCERT_FILE=/opt/gopath/src/github.com/hyperledger/fabric/peer/crypto/
   peerOrganizations/org1.example.com/peers/peer0.org1.example.com/tls/ca.crt
CORE_PEER_MSPCONFIGPATH=/opt/gopath/src/github.com/hyperledger/fabric/peer/crypto/
   peerOrganizations/org1.example.com/users/Admin@org1.example.com/msp
CORE_PEER_ADDRESS=peer0.org1.example.com:7051
peer channel update -o orderer.example.com:7050 -c $CHANNEL_NAME -f ./
   channel-artifacts/Org1MSPanchors.tx --tls -cafile
/opt/gopath/src/github.com/hyperledger/fabric/peer/crypto/ordererOrganizations/
   example.com/orderers/orderer.example.com/msp/tlscacerts/tlsca.example.com -cert.pem
```

（7）输入相关命令，以更新另一个 Anchor Peer 的信息。

6.2.5 实验报告

将上述实验中的结果截图记录到实验报告中，并给出本书未给出的命令。

【思考题】

根据 tree 命令返回结果，结合 crypto-config.yaml 文件的配置内容，简单描述证书的架构。

6.3 链码的安装和实例化

6.3.1 实验目的

（1）掌握 Fabric 的交易基本流程。

（2）掌握 Fabric 链码的安装和实例化方法，理解背书策略。

6.3.2 原理简介

链码是 Fabric 中的智能合约，与以太坊类似，链码的发布、询问和写入都是 Fabric 中的基本交易类型。下面讲解 Fabric 作为联盟链是如何处理交易的。

每笔交易都要由应用客户端首先提交交易提案，具体步骤如下。

① 应用客户端发布一个新的交易提案，把相关链码标识、链码参数、背书策略发给背书 Peer 节点。

② Peer 节点收到应用客户端发布的交易提案后，验证客户端本身的身份和其所具备的权限是否支持其发布这笔交易提案。验证通过后，Peer 节点模拟执行此交易，通过后，对此交易进行背书，返还给客户端。

③ 客户端收到背书 Peer 节点返回的信息后，判断提案结果是否一致，以及是否符合相应的背书策略，如果不一致或不符合，那么停止；否则，客户端把数据打包到一起组成一个交易并签名，发给 Orderer 节点。

④ Orderer 节点收到交易信息后，将交易放入共识排序序列。此后将一批交易进行打包，记录为新的区块，并发送给 Peer 节点。

⑤ 记账 Peer 节点收到区块后，会检查每笔交易的正确性和有效性，检查交易的输入、输出是否符合当前区块链的世界状态。完成后，将区块添置于当前本地的区块链的最后方，并修改世界状态。

6.3.3 实验环境

在 6.2 节完成的基础上进行。

6.3.4 实验步骤

依然在 CLI 容器中进行。

（1）将节点切换到 peer0.org1。

本实验提供链码示例，下面的 name 字段是链码的名称：

```
peer chaincode install -n name -v 1.0 -p github.com/…
```

（2）将节点切换到 peer0.org2，同样安装上述链码。

（3）将节点切换到 peer0.org1，实例化链码。

```
peer chaincode instantiate -o orderer.example.com:7050 --tls --cafile
/opt/gopath/src/github.com/hyperledger/fabric/peer/crypto/ordererOrganizatio
ns/example.com/orderers/orderer.example.com/msp/tlscacerts/tlsca.example.com
-cert.pem -C $CHANNEL_NAME -n name -v 1.0 -c '{"Args":["init","john", "500",
"peter","500"]}' -P "OR（'Org1MSP.peer','Org2MSP.peer'）"
```

（4）对链码进行 Query 操作，查询 john 的值，正确输出应为 500。

```
peer chaincode query -C $CHANNEL_NAME -n name -c '{"Args":["query","john"]}'
```

（5）对链码进行 Invoke 操作，从 john 向 peter 转账 100。

```
peer chaincode invoke -o orderer.example.com:7050 --tls true -cafile
    /opt/gopath/src/github.com/hyperledger/fabric/peer/crypto/ordererOrganizations/
    example.com/orderers/orderer.example.com/msp/tlscacerts/tlsca.example.com
    -cert.pem -C $CHANNEL_NAME -n name --peerAddresses peer0.org1.example.com:7051
    --tlsRootCertFiles/opt/gopath/src/github.com/hyperledger/fabric/peer/crypto/
    peerOrganizations/ org1.example.com/peers/peer0.org1.example.com/tls/ca.crt -c
   '{"Args":["invoke","john","peter","100"]}'
```

（6）对链码进行 query 操作，查询 john 的值，因为已经发生了转账，正确输出应为 400。

```
peer chaincode query -C $CHANNEL_NAME -n name -c '{"Args":["query","john"]}'
```

（7）将节点切换到 peer0.org2，将 peer0.org2 作为背书节点，再次从 john 向 peter 转账 100，并查询 john 和 peter 各自的余额，请自行输入命令。

（8）重新实例化上述链码，要求背书策略为“org1 和 org2 中都要有节点背书”。执行从 john 到 peter 转账 100 的 Invoke 操作，并对 john 的余额进行查询。

6.3.5 实验报告

将上述实验中的结果截图记录到实验报告中，并给出本书未给出的命令。

6.4 拓展实验：使用 CouchDB 进行富查询

除了 LevelDB，Fabric 还支持 CouchDB。CouchDB 是一个 JSON 文档数据库，而不是 VK 数据库，因此可以允许对数据库中文档的内容进行索引的操作。

注意：在设置网络前，必须决定是使用 LevelDB 还是 CouchDB。由于数据兼容性问题，不支持将一个 Peer 从使用 LevelDB 切换到使用 CouchDB。

查阅相关资料，重新启动 first network，但要设置启动 CouchDB。安装相关链码，实现一次调用所给链码中 queryAdderss 的查询操作。

6.5 本章实验报告模板

读者在做本章实验时应及时记录实验结果，建议撰写实验报告，对实验进行总结和思考。本章实验报告模板如下。

类型	实验报告内容
问答题	1. 本实验所用 Hyperledger Fabric 区块链与比特币、以太坊有什么异同？

<table>
<tr><td rowspan="6">问答题</td><td>相同点</td><td></td></tr>
<tr><td>不同点</td><td></td></tr>
<tr><td colspan="2">2．简述 Hyperledger Fabric 的分层架构。</td></tr>
<tr><td colspan="2">3．简述 Hyperledger Fabric 的成员组成。</td></tr>
<tr><td colspan="2">4．简述 Hyperledger Fabric 系统中一笔调用链码的交易从创建到生效的全过程。</td></tr>
<tr></tr>
<tr><td rowspan="3">实验过程记录</td><td colspan="2">1．Fabric 环境的配置。简述 Fabric 环境的配置过程，记录重点步骤配置成功的截图。</td></tr>
<tr><td>配置过程</td><td></td></tr>
<tr><td>配置成功的截图</td><td></td></tr>
</table>

<table>
<tr><td rowspan="14">实
验
过
程
记
录</td><td colspan="2">2．first network 的启动和 Channel 的配置。</td></tr>
<tr><td colspan="2">（1）输入相关命令，在 Channel 上定义 org2 的 Anchor Peer，然后输出 channel-artifacts 文件夹包含的文件。</td></tr>
<tr><td>输入的命令</td><td></td></tr>
<tr><td>包含的文件</td><td></td></tr>
<tr><td colspan="2">（2）输入相关命令，将 peer0.org2.example.com:7051 也加入 Channel 中。</td></tr>
<tr><td>输入的命令</td><td></td></tr>
<tr><td colspan="2">（3）输入相关命令，以更新另一个 Anchor Peer 的信息。</td></tr>
<tr><td>输入的命令</td><td></td></tr>
<tr><td colspan="2">3．链码的安装与实例化。</td></tr>
<tr><td colspan="2">（1）将节点切换到 peer0.org2，将 peer0.org2 作为背书节点，再次从 john 向 peter 转账 100，并查询 john 和 peter 各自的余额。</td></tr>
<tr><td>输入的命令</td><td></td></tr>
<tr><td>结果截图</td><td></td></tr>
</table>

<table>
<tr><td rowspan="9">实验过程记录</td><td colspan="2">（2）重新实例化上述链码，要求背书策略为“org1 和 org2 中都要有节点背书”。执行从 john 到 peter 转账 100 的 Invoke 操作，并对 john 的余额进行查询。</td></tr>
<tr><td>输入的命令</td><td></td></tr>
<tr><td>结果截图</td><td></td></tr>
<tr><td colspan="2">4．拓展实验：使用 CouchDB 进行富查询。
查阅相关资料，重新启动 first network，但要设置启动 CouchDB。安装相关链码，实现一次调用所给链码中 queryAdderss 的查询操作。</td></tr>
<tr><td>实验原理</td><td></td></tr>
<tr><td>主要步骤</td><td></td></tr>
<tr><td>关键步骤截图</td><td></td></tr>
<tr><td>实验结果分析</td><td></td></tr>
</table>

第 7 章　Solidity 与智能合约在线编程

Solidity 是以太坊中编写智能合约的语言，编译成字节码后可以运行在以太坊虚拟机上。Solidity 语法与 JavaScript 很相似，有编程基础的开发者可以轻松上手。智能合约一旦部署就无法修改，所以编写智能合约一定要仔细认真。

Gavin Wood 引用了 ECMAScript 的语法概念，让 Web 开发者能够更轻松地上手；相比 ECMAScript，Solidity 具有静态类型和可变返回类型。与其他 EVM 目标语言相比，Solidity 具有复杂的成员变量，从而令智能合约可以支持任意层次结构的映射和结构。Solidity 也支持继承，还引入了一个应用程序二进制接口（ABI），供用户调用。

本章实验参考自以太猫游戏和 Loom Network 团队的智能合约教学案例，进行 Solidity 智能合约入门和线上 IDE Remix 练习，通过构建一个“宠物游戏”来学习智能合约的编写，实验中穿插 Solidity 基础知识。

7.1　Solidity 基础入门

7.1.1　实验目的

（1）掌握 Solidity 语言的基础语法。

（2）掌握线上 IDE Remix 的使用方法，合约编译、部署、测试方法。

7.1.2　原理简介

1．Remix

Remix 是以太坊提供的、可以利用 Solidity 语言进行智能合约开发的在线平台。开发者在 Remix 的 JavaScript 虚拟机上进行开发调试，之后可以发布到以太坊和其他支持 Solidity 语言的区块链上。

2．以太猫

以太猫是以太坊上一个出名的游戏，每个以太猫都有自己的 DNA 序列和卡通形象，由 DNA 序列决定猫的各种形状毛色等特点，然后由 Axiom Zen 公司提供卡通图形，以太猫的转账记录会绑定猫主人的钱包地址。

本实验以电子宠物为背景，用智能合约的方式创造一个新的“电子宠物世界”。

本节实验的目的是创造一个“宠物孵化池”，通过宠物孵化池诞生一个全新的宠物。这个宠物孵化池需要满足这么几个功能：

❖ 数据库中能够记录所有的宠物信息。

❖ 应该在孵化池中存在这样一个接口，让我们能够从中孵化宠物。

❖ 每个宠物都应该是独一无二的。

4．宠物 DNA

参考以太猫的 DNA，宠物的独立标识则为它的 DNA。本实验定义的 DNA 很简单，由一个 16 位的整数 8356281049284737 组成。事实上，每只电子宠物也是由这样一串数字构成的，各位表示了不同的属性。比如，前 2 位表示物种，紧接着的 2 位表示有没有翅膀，等等。

注意：本实验没有真实的图片，宠物样貌可以存在于各位的想象中。

5．Solidity 基础知识

（1）合约

Solidity 的代码都在合约中，所有函数和变量都定义在合约中。

例如，一份名为 HelloWorld 的空合约如下：

```
contract HelloWorld {
}
```

版本标识指令：Solidity 代码文件必须冠以“pragma version”，即注明编译器的版本。例如：

```
pragma solidity ^0.6.1;
```

我们也可以指定一个版本区间，比如：

```
pragma solidity >=0.5.1 <0.6.2;
```

综上所述，下面是一个最基本的合约，每次建立一个新的项目时的第一段代码。

```
pragma solidity ^0.6.1;


contract HelloWorld {
}
```

（2）状态变量和整数

状态变量：永久写入以太坊的链上，供后续使用者进行访问和调用。

```
contract Example {
    uint mynumber = 20;
}
```

这段代码定义 mynumber 为 uint 类型，并赋值 20。

uint 类型表示无符号数据类型，其值为非负数，有符号的整数用 int 表示。

(3) 字符串 string

字符串可以保存任意长度的UTF-8数据。例如：

```
string hello = "Hello world!"。
```

(4) 数学运算

❖ 加法：x + y。

❖ 减法：x − y。

❖ 乘法：x * y。

❖ 除法：x / y。

❖ 取模：x % y（如 11 % 7 =4）。

❖ 乘方：x **y，4 ** 2 = 16。

(5) 结构体

Solidity中也可以定义结构体：

```
struct Person {
    uint id;
    string name;
}
```

结构体允许生成一个更复杂的数据类型，它有多个属性。

(6) 数组

Solidity支持静态数组和动态数组。

固定长度为3的静态数组：

```
uint[3] Array;
```

固定长度为6的string类型的静态数组：

```
string[6] stringArray;
```

动态数组，可以动态添加元素：

```
uint[] Array;
```

也可以建立一个结构体类型的数组，如之前提到的Person：

```
Person[] people;
```

状态变量会永久保存在区块链中，所以一般可用动态数组进行存储。

(7) 公共数组

定义public数组，语法如下：

```
Person[] public people;
```

public代表其他合约可以从这个数组读取数据，是常见的保存公共数据的方法。

定义一个新的Person结构，然后把它加入people数组。

```
Person bob= Person(1, "bob");
```

```
people.push(bob);
```

也可以用一行代码实现：

```
people.push(Person(2, "eve"));
```

注意：push( )方法是在数组的尾部加入新元素：

```
uint[] numbers;
numbers.push(1);
numbers.push(2);
numbers.push(3);
```

此时，numbers 数组为[1, 2, 3]。

array.push( )添加元素后，会返回数组的长度，类型是 uint。

（8）函数

在 Solidity 中，函数定义的语法如下：

```
function eat(string _name, uint _amount) public returns(string) {
}
```

函数名为 eat，接受一个 string 类型和一个 uint 类型的参数，并返回 string 类型的返回值。一般，函数中的变量都是以“_”开头，便于区分全局变量。

与其他语言一样，函数调用方式如下：

```
string result = eat("hot dog", 100);
```

（9）公开、私有函数

Solidity 中函数默认定义为 public 属性，任何外部账户都可以进行访问调用，显然这样的合约容易受到攻击，所以开发者可以把一些不需要外部调用的函数设置为 private 属性，只需在函数后面增加 private 关键字。一般，私有函数命名也习惯以“_”开头。

```
uint[] numbers;
function _addToArray(uint _number) private {
    numbers.push(_number);
}
```

这段代码中，此函数只能在合约内容中被调用，从而添加数组成员。

（10）更多的函数修饰符

参考如下代码：

```
string greeting = "hello";

function sayHello() public returns (string) {
    return greeting;
}
```

上面的函数只是对 Solidity 中保存的状态进行了读取，而没有进行修改，这种情况可以把函数属性定义为 view，代表此函数只能读取数据。

```
function sayHello() public view returns (string) {
}
```

Solidity 中还有 pure 函数，表明这个函数的返回值只取决于输入参数。例如：

```
function _multiply(uint a, uint b) private pure returns (uint) {
    return a * b;
}
```

（11）类型转换

有时需要变换数据类型。例如：

```
uint8 a = 5;
uint b = 6;
uint8 c = a * b;
```

这里将抛出错误，因为 a * b 返回 uint 类型，而不是 uint8 类型，所以需将 b 转换为 uint8 类型：

```
uint8 c = a * uint8(b);
```

进行类型转换后，编译器就不会报错了。

（12）事件

事件是合约和区块链通信的一种机制，可以对合约内容发生的状态改变进行记录。

```
event IntegersAdded(uint x, uint y, uint result);
function add(uint _x, uint _y) public {
    uint result = _x + _y;
    IntegersAdded(_x, _y, result);
    return result;
}
```

前端可以监听 IntegersAdded 事件。代码如下:

```
YourContract.IntegersAdded(function(error, result) {
    // Do something
}
```

注意：本实验不涉及前端开发，仅编写一遍作为了解。

7.1.3 实验环境

本节实验采用线上 IDE Remix，需要 Chrome 浏览器。有能力的读者也可以自己部署智能合约开发环境。线上 IDE Remix 说明文档可参考 https://remix.ethereum.org。

7.1.4 实验步骤

（1）清空原有编译文件，新建文件 AnimalIncubators.sol。

（2）为了建立宠物部队，先建立一个基础合约 AnimalIncubators，并指定 Solidity 编译器版本。

(3) 宠物 DNA 由 16 位数字组成，需定义 dnaDigits 为 uint 类型，表示 DNA 位数。

(4) 保证宠物的 DNA 只含有 16 个字符，涉及取模操作。建立一个 dnaLength 变量，令其等于 10 的 dnaDigits 次方。

(5) 创建宠物结构体。建立一个名为 Animal 的结构体，在其中有两个属性：name（类型为 string）和 dna（类型为 uint）。

(6) 准备工作完成后，需要将宠物们保存在合约中，并且让其他合约也能够看到这些宠物们，因此需要一个公共数组。创建一个 Animal 的结构体数组，属性为 public，命名为 animals。

(7) 定义一个事件 NewAnimal，有 3 个参数：AnimalId（类型为 uint）、name（类型为 string）和 dna（类型为 uint）。

(8) 定义一个孵化宠物函数，其功能为：孵化一个新宠物并添加入 animals 数组。

(9) 建立一个私有函数_createAnimal，有两个参数：_name（类型为 string）和_dna（类型为 uint）。在函数体中新建一个 Animal，然后把它加入 animals 数组。显然，新建的宠物属性来自函数的形参，同时将 animals 的索引值记录为 animalId。在函数结束触发事件 NewAnimal。

(10)定义 DNA 生成函数：根据字符串随机生成一个 DNA。创建函数_generateRandomDna，属性为 private。输入变量为_str（类型为 string），返回值的类型为 uint。此函数属性为 view，只会读取合约中的一些变量。使用以太坊内部的 Hash 函数 keccak256，根据参数生成十六进制数，并进行类型转换，返回该值的后 dnaLength 位。例如：

```
keccak256("abcdefg")
```

(11) 定义一个公共函数，把上面定义的若干部件组合起来，实现这样的功能：该函数能够接收宠物的名字，然后用这个名字来生成宠物的 DNA。

创建一个 public 函数，命名为 createRandomAnimal，将接收一个变量_name(类型是 string)。

先调用_generateRandomDna 函数，传入_name 参数，生成一个 DNA。调用_createAnimal 函数，将这个新生成的宠物记录下来，传入参数_name 和 randDna。

(12) 在 JavaScript VM 环境下，部署 AnimalIncubators 合约。创建三个分别叫 Drogon、Rheagal、Viserion 的宠物，记录其 DNA。

7.1.5 实验报告

将代码和运行结果写入实验报告。

7.2 Solidity 进阶：宠物成长系统

7.2.1 实验目的

掌握 Solidity 语言关于地址、映射、继承等进阶用法。

7.2.2 原理简介

7.1 节实验中创建了一个函数用来生成宠物，并且存入区块链上的宠物数据库中。本节实验会模拟以太猫的繁殖机制，创建一个宠物成长系统，让宠物可以进食进行成长，系统会通过宠物和食物的 DNA 计算出新宠物的 DNA。

1．地址

以太坊没有采用比特币中的 UTXO 模型，而是由类似银行账号的 account（账户）组成。账户的余额是以太。每个账户都有一个“地址”，作为其唯一标识符，比如：

```
0xa5a82d26dbb1dd2f35dba16b1aadb2fda77d71be
```

地址可以属于外部用户，也可以属于智能合约。我们可以指定“地址”作为宠物主人的 id。当用户调用合约创建新的宠物时，新宠物的所有权就分配给了调用者的以太坊地址。

2．映射

映射也是一种存储数据的方法。银行账户可用映射将用户的余额存在 uint 类型的变量中：

```
mapping (address => uint) public Balance;
```

或者通过 userId 存储、查找的用户名：

```
mapping (uint => string) userIdToName;
```

映射本质上是存储和查找数据所用的键值对。

3．msg.sender

在 Solidity 中，有些全局变量的所有函数都可以调用，如 msg.sender，是指当前调用者（或智能合约）的 address。在 Solidity 中，所有合约都要从被外部调用才会执行，所以总会有 msg.sender 存在。

以下是使用 msg.sender 来更新 mapping 的例子：

```
mapping (address => uint) id;

function setMyid(uint _myNumber) public {
id[msg.sender] = _myid;
}

function whatIsMyid() public view returns (uint) {
return id[msg.sender];
}
```

本例中，每个人都可以调用 setMyid 存储自己最喜欢的 id，再调用 whatIsMyid 查询自己的 id，这样是很安全的。因为在区块链中，没有私钥，任何人都不能操作（篡改）你的地址所关联的数据。

4．要求

Require 即要求此函数必须满足某些条件才能执行，否则抛出错误并停止：

```
function sayHiTo Satoshi (string _name) public returns (string) {
    require(keccak256(_name) == keccak256("Satoshi"))
    return "Hi!";
}
```

Solidity 并不支持原生的字符串比较，不过我们可以比较两字符串的 keccak256 的 Hash 值，若相等，则可认为两字符串相同。如果这样调用函数 sayHiTo Satoshi("Satoshi")，则会返回“Hi!”。如果调用的时候使用了其他参数，则会抛出错误，并停止执行。所以，在调用函数前常常会使用 require( )函数来检查是否满足条件。

5．继承

当代码量过大结构过于复杂时，可以将代码和逻辑分拆到多个合约中。Solidity 提供了 inheritance（继承）来整理代码：

```
contract Doge {
    function catchphrase() public returns (string) {
        return "So Wow CryptoDoge";
    }
}

contract BabyDoge is Doge {
    function anotherCatchphrase() public returns (string) {
        return "Such Moon BabyDoge";
    }
}
```

由于 BabyDoge 是从 Doge 那里继承过来的，因此 Doge 和 BabyDoge 中的函数都可以访问，需要这种逻辑继承时可以使用，也可以为了将代码分散到不同合约中便于组织。

6．import

import 语句用于将文件导入另一个文件：

```
import "./someothercontract.sol";

contract newContract is SomeOtherContract {
}
```

再整理到同一目录下，就可以被编译器正确导入。

7．storage 与 memory

在 Solidity 中，可以通过 storage 或 memory 存储变量。

storage 变量会永久存储在区块链中。memory 变量则是临时的，当合约调用完成时，内存型变量即被移除。

在默认情况下，函数外的状态变量会定义为“存储”形式，永久上链；函数内部变量是“内存”型的，它们在函数调用结束后就会消失，这两个属性可以对代码的 Gas 消耗进行优化。

8．internal（内部）和 external（外部）

internal 类似 private，不过子合约可以访问父合约中定义的内部函数；external 类似 public，只不过这些函数只能在合约之外调用，而不能被合约内的其他函数调用。

其声明语法与声明 private 和 public 相同：

```
contract Sandwich {
    uint private sandwichesEaten = 0;

    function eat() internal {
        sandwichesEaten++;
    }
}

contract BLT is Sandwich {
    uint private baconSandwichesEaten = 0;

    function eatWithBacon() public returns (string) {
        baconSandwichesEaten++;
        eat();
    }
}
```

7.2.3 实验环境

本实验需要在完成 7.1 节的基础上进行。

7.2.4 实验步骤

（1）使用地址给宠物指定“主人”。为了存储宠物的所有权，我们会使用到两个映射：一个记录宠物拥有者的地址，另一个记录某地址所拥有宠物的数量。

创建 AnimalToOwner 映射，其键是一个 uint（根据它的 id 存储和查找宠物），值为 address。映射属性为 public。

创建 ownerAnimalCount 映射，其键是 address，值是 uint。

（2）修改_createAnimal 函数来使用映射。

首先，在得到新的宠物 AnimalId 后，更新 AnimalToOwner 映射，在 AnimalId 下面存入 msg.sender。

然后，为这个 msg.sender 名下的 ownerAnimalCount 加 1。

（3）在 createRandomAnimal 开头使用 require，确保这个函数只有在每个用户第一次调用它的时候执行，用于创建初始宠物。判断方式：判断该用户的宠物数是否为 0。

（4）创建新文件 AnimalFeeding.so 文件，从中创建 AnimalFeeding 合约，继承自 AnimalFactory。需要设置编译版本和 import。

（5）在 AnimalFeeding 合约中增加进食功能：当一个宠物进食后，它自身的 DNA 将与食物的 DNA 结合在一起，形成一个新的宠物 DNA。

创建 feedAndGrow 函数，包含两个参数：_AnimalId（类型为 uint）和_targetDna（类型为 uint），分别表示宠物、食物。设置其属性为 public。

要求只有宠物的主人才能给宠物喂食，在函数开始添加一个 require 语句，确保 msg.sender 为宠物主人。

（6）完成 feedAndGrow 函数。

取 _targetDna 的后 dnaModulus 位。

生成新的宠物 DNA：计算宠物与食物 DNA 的平均值。

为宠物添加标识：将新的宠物 DNA 最后两位改为“99”。

调用_createAnimal 函数生成新宠物，新宠物名字为“No-one”（需要修改_createAnimal 函数属性使对继承可见）。

（7）在 AnimalFeeding 合约中增加捕食函数：

```
function _catchFood(uint _name) internal pure returns (uint) {
    uint rand = uint(keccak256(_name));
    return rand;
}
```

（8）在 AnimalFeeding 合约中增加进食功能：宠物抓住食物后进食，然后会成长为一个新宠物。

创建 feedOnFood 函数，需要 2 个 uint 类型的参数：_AnimalId 和_FoodId，都是 public 类型的函数。

调用_catchFood 函数，获得一个食物 DNA。

调用 feedAndGrow 函数。

传入宠物 id 和食物 DNA，调用 feedAndGrow 函数。

（9）部署 AnimalFeeding 合约，实现以下效果：

同一账户只可调用一次 createRandomAnimal。

以三个用户身份添加名为 Drogon、Rheagal、Viserion 的宠物。

让 Drogon 宠物进食成长一次，展示新宠物的主人与 Drogon 相同。

7.2.5 实验报告

将代码和运行结果写入实验报告。

7.3 Solidity 高阶理论

7.3.1 实验目的

了解 Solidity 语言关于合约所有权、函数修饰符、for 循环等高阶用法。

7.3.2 原理简介

Solidity 很像 JavaScript，但是以太坊上的合约与普通的程序最大的区别是，以太坊上的合约代码一旦上链就无法更改，即使合约出现 bug，也无法进行修改，只能放弃这个合约让用户去使用一个新的被修复过的合约。虽然这可能造成使用上的不便，但也是智能合约的优势之一。一旦代码上链，就无法被他人恶意篡改，其他人调用也只能以预设的逻辑一直执行下去。

1．合约所有权

因为智能合约无法篡改，所以开发者可能需要留一些后门来处理 bug，但是由于合约上链之后一般就要被公开，所以这个后门也就暴露给了所有人，开发者当然不希望所有人都能随意调用后门，所以开发者会给这个合约指定所有权，只有自己才能调用这个后门。

2．OpenZeppelin 库的 Ownable 合约

OpenZeppelin 是主打安保和社区审查的智能合约库，可以在自己的 DApp（Decentralized Application，去中心化应用，第 8 章中介绍）中引用。

```
contract Ownable {
    address public owner;
    event OwnershipTransferred(address indexed previousOwner, address indexed newOwner);

    function Ownable() public {
        owner = msg.sender;
    }
    modifier onlyOwner() {
        require(msg.sender == owner);
        _;
    }

    function transferOwnership(address newOwner) public onlyOwner {
        require(newOwner != address(0));
        OwnershipTransferred(owner, newOwner);
        owner = newOwner;
    }
}
```

其中包括：

① 构造函数：function Ownable( )是一个 constructor（构造函数），构造函数与合约同名，

只在合约创建的时候执行一次，而且不是必需的。

② 函数修饰符：modifier onlyOwner( )。函数修饰符可以在函数执行前，为它检查下先验条件。例如，函数修饰符 onlyOwner 可以检查调用者是否为合约的所有者，只有合约的所有者才能运行此函数，即“_;”。

Ownable 合约大致的流程如下：创建合约，先写构造函数，将 msg.sender（其部署者）设置为 owner；为它加上一个函数修饰符 onlyOwner，只有合约的所有者 owner 才能进行访问；允许将合约所有权转让给他人。

onlyOwner 非常常见，很多合约的开头都有这段合约代码，然后从 Ownable 继承子类，再进行功能和逻辑的开发。

3．函数修饰符

modifier 不能被直接调用，只能被添加到函数定义的末尾，用以改变函数的行为。

```
modifier onlyOwner() {
    require(msg.sender == owner);
    _;
}
```

函数修饰符 onlyOwner 的用法如下：

```
contract MyContract is Ownable {
    event type(string language);

    function speak() external onlyOwner {
        type("English");
    }
}
```

添加函数修饰符 onlyOwner 后，只有合约的 owner（也就是开发者）才能调用它。

注意：虽然开发者拥有后门是有正当理由的，但用户也要小心，认真阅读源代码，避免开发者留下恶意后门，如偷走你的宠物。开发者既要给自己留些后门，又要让用户安心使用合约。

4．带参数的函数修饰符

函数修饰符 onlyOwner 没有参数，其实函数修饰符也可以带参数。例如：

```
mapping (uint => uint) public age;

modifier olderThan(uint _age, uint _userId) {
require(age[_userId] >= _age);
    _;
}

function driveCar(uint _userId) public olderThan(18, _userId) {
}
```

olderThan 通过“宿主”函数 driveCar 传递参数。

5．Gas

Gas 是 Solidity 编程语言的一大特征，是驱动 DApp 的燃料。在 Solidity 中，用户每次执行智能合约都会花费 Gas，而 Gas 需要用以太币购买。DApp 消耗多少 Gas 取决于程序的复杂程度，如存储操作会比计算花销多，每个操作会计算其花费的计算资源，最后计算所有的 Gas。因为运行合约需要花费 Gas，也就是相当于花钱运行，所以智能合约特别强调优化，同样的功能，用户肯定会选择优化更好、花费更少的合约。

为什么要用 Gas 来驱动以太坊？以太坊就像一个去中心化的巨大缓慢但非常安全的计算机，当用户运行合约的时候，以太坊上的所有节点都会进行运算并验证，从而确保链上的数据不会被恶意篡改。为了防止代码无限循环或者进行密集运算阻塞网络，想在以太坊上运算或者存储数据都需要花费 Gas。

结构封装可以节省 Gas：uint 还有其他变种，如 uint8、uint16、uint32 等，不过这些变种都是 256 位的存储空间，不会节省任何 Gas。如果把 uint 绑定到 struct 中，编译器就会尽可能使用较小的 uint 进行打包，从而占用较少的存储空间。例如：

```
struct NormalStruct {
    uint a;
    uint b;
    uint c;
}

struct MiniMe {
    uint32 a;
    uint32 b;
    uint c;
}
```

因为使用了结构打包，所以 mini 比 normal 占用的空间更少。

```
NormalStruct normal = NormalStruct(10, 20, 30);
MiniMe mini = MiniMe(10, 20, 30);
```

所以，在 struct 中定义 uint 时尽量使用最小的整数子类型，以节约空间；并且，把同样类型的变量按顺序放在一起，这样可以减少存储空间。例如，有两个 struct：

```
uint c; uint32 a; uint32 b;
uint32 a; uint c; uint32 b;
```

前者比后者需要的 Gas 更少，因为前者把 uint32 放在一起了。

6．view 函数不花 Gas

当用户外部调用 view 函数时不需要花费 Gas，因为 view 函数只会读取数据，而不会改变链上的数据，当编译器读取 view 函数时，它会知道这个函数只是查询本地节点的数据，而不需要创建新的事务，所以不需要花费 Gas，所以需要在只进行读取的函数上标明 external view，从而减少花费合约中的 Gas。

注意：如果一个 view 函数被另一个不属于同一合约的函数调用，则是要花费 Gas 的。因为主调函数会创建一个事务，网络上的节点仍然要计算验证。

7．减少存储开销

Solidity 使用 storage 开销很大，因为写入或更改数据会永久性地记录上链，全世界的数千个节点都会进行存储。所以，为了降低成本，应尽量避免将数据写入存储，这可能导致程序上的不便。比如，每次运行都要重建数组并计算，而不是直接读取已经存储的数组。在很多编程语言中，遍历数据开销都会很大，不过 solidity 中有 external view 函数，可以不花费 Gas 就能进行数据遍历。

8．在内存中声明数组

在数组后面加上 memory 关键字，代表这个数组仅在内存中使用，使用完就舍弃，不需上链。相比存储在链上，这种方法可以大大节省开销。以下是声明一个内存数组的例子：

```
function getArray() external pure returns(uint[]) {
    uint[] memory values = new uint[](3);
    values.push(1);
    values.push(2);
    values.push(3);
    return values;
}
```

9．使用自己的本地时间单位

变量 now 将返回当前的 UNIX 时间戳（自 1970 年 1 月 1 日以来经过的秒数）。

Solidity 还包含秒（seconds）、分钟（minutes）、小时（hours）、天（days）、周（weeks）和年（years）等时间单位。它们都会转换成对应的秒数，放入 uint 中。所以，1 分钟就是 60，1 小时是 3600（60 秒×60 分钟），1 天是 86400（24 小时×60 分钟×60 秒），以此类推。

下面是一些使用时间单位的实用案例：

```
uint lastUpdated;
function updateTimestamp() public {
    lastUpdated = now;
}
function fiveMinutesHavePassed() public view returns (bool) {
    return (now >= (lastUpdated + 5 minutes));
}
```

10．将结构体作为参数传入

由于 private 或 internal 的函数可以接收结构体的指针作为参数，因此结构体可以在多个函数之间相互传递。语法如下：

```
function _doStuff(Animal storage _Animal) internal {
    // do stuff with _Animal
}
```

这样可以将某宠物的引用直接传递给一个函数，而不用通过参数传入宠物 id 后，函数再依据 id 去查找。

11．使用 for 循环

for 循环的语法在 Solidity 和 JavaScript 中类似：

```
function getEvens() pure external returns(uint[]) {
    uint[] memory evens = new uint[](5);
    uint counter = 0;

    for (uint i = 1; i <= 10; i++) {
        if (i % 2 == 0) {
            evens[counter] = i;
            counter++;
        }
    }
    return evens;
}
```

这个函数将返回一个形如[2, 4, 6, 8, 10]的数组。

7.3.3 实验环境

本实验需要在完成 7.2 节的基础上进行。

7.3.4 实验步骤

（1）将 Ownable 代码复制一份到新文件 ownable.sol 中，让 AnimalFactory 作为子类继承 Ownable。

（2）给 createRandomAnimal 函数添加 onlyOwner，再用不同的账户进行调用，看看有什么区别。完成后再删掉它，毕竟其他玩家也要调用。

（3）在 Animalfactory.sol 中给宠物添加两个新属性：level（类型为 uint32）和 readyTime（类型为 uint32），分别代表等级、进食的冷却时间。

（4）给 DApp 添加一个“冷却周期”的设定，让宠物两次进食之间必须等待 1 分钟。

声明一个名为 cooldownTime 的 uint，并将其设置为 1 分钟。

修改_createAnimal。**注意**：now 返回类型为 uint256，需要类型转换。

再进入 AnimalFeeding.sol 的 feedAndGrow 函数。

修改可见性 internal，以保障合约安全。

在进行_targetDna 计算前，检查该宠物是否已经冷却完毕。**提示**：使用 require。

在函数结束时，重新设置宠物冷却周期，以表示其捕食行为重新进入冷却。

(5) 编写一个属于宠物自己的函数修饰符，让宠物能够在达到一定水平后获得特殊能力。

创建一个新的文件 AnimalHelper.sol，定义合约 AnimalHelper 继承自 AnimalFeeding。

创建一个名为 aboveLevel 的 modifier 函数，接收 2 个参数：_level(类型为 uint)和_AnimalId (类型为 uint)。函数逻辑确保宠物 Animals[_AnimalId].level 大于或等于_level。

修饰符的最后一行为"_;"，表示修饰符调用结束后返回，并执行调用函数剩下的部分。

(6) 添加一些使用 aboveLevel 修饰符的函数，作为达到 level 的奖励。激励玩家们去升级他们的宠物。

创建 changeName 函数，接收参数_AnimalId（类型为 uint）和_newName（类型为 string），属性为 external。附加 aboveLevel 修饰符，调用的时候传入_level 参数(参数值为 2)和_AnimalId 参数。在函数中使用 require 检查 msg.sender 是否是宠物主人，如果是，则将宠物名改为_newName。

在 changeName 下创建 changeDna 函数，其第二个参数是_newDna（类型为 uint），_level 参数要求大于 20。将宠物设置为_newDna。

(7) 定义新函数 getAnimalsByOwner，获取某个玩家的所有宠物。该函数有一个参数_owner（类型为 address），声明为 external view 属性，返回一个 uint 数组。

声明一个名为 result 的 uint[]memory，返回该_owner 拥有的宠物数量。

使用 for 循环遍历 Animals 数组，将主人为_owner 的宠物添加入 result。

返回 result，这样 getAnimalsByOwner 不花费任何 Gas。

(8) 最后需实现的效果：展示宠物的冷却周期，成功实现 getAnimalsByOwner 函数。

7.3.5 实验报告

将代码和运行结果写入实验报告。

7.4 支付系统

7.4.1 实验目的

了解 Solidity 关于以太币支付、提现等用法。

7.4.2 原理简介

1. payable 修饰符

在函数上增加 payable 修饰符，即可接受以太币。在以太坊中，因为数据（事务负载）、钱

（以太币）和合约代码本身都存在以太坊网络中，所以可以同时调用函数并付钱给另一个合约。这就允许出现很多有趣的逻辑，如向一个合约支付一定的以太币来运行一个函数。

下面的例子实际上是检查以确定发送 0.001 以太币来运行函数，如果为真，那么可以实现向函数调用者发送数字内容的逻辑。

```
contract OnlineStore {
    function buySomething() external payable {
        require(msg.value == 0.001 ether);
        transferThing(msg.sender);
    }
}
```

msg.value 是一种可以查看向合约发送了多少以太币的方法，ether 是一个内建单元。事实上，一些人会调用这个函数（如 DApp 的前端），假设 OnlineStore 在以太坊上指向合约：

```
OnlineStore.buySomething().send(from: web3.eth.defaultAccount, value:
web3.utils.toWei(0.001))
```

注意 value 字段，JavaScript 调用可以指定发送多少（0.001）以太币。如果把事务想象成一个信封，则发送到函数的参数就是信的内容。添加一个 value 很像在信封里放钱，信的内容和钱同时发送给了接收者。如果一个函数没标记为 payable，而你尝试利用上面的方法发送以太币，那么函数将拒绝你的事务。

2．提现

发送出来的以太币将被存储进合约所属的以太坊账户中，并冻结在那里，直到所属者通过另一种方式将它提取出来（提现）。可以通过函数从合约中提现以太币，类似这样：

```
contract GetPaid is Ownable {
    function withdraw() external onlyOwner {
        owner.transfer(this.balance);
    }
}
```

引入 owner 和 onlyOwner，可以通过 transfer 函数向一个地址支付以太币，再通过 this.balance 返回当前合约存储的以太币的数量，可以通过 transfer 函数向任何以太坊地址支付以太币。比如，函数在 msg.sender 超额付款时进行退款：

```
uint itemFee = 0.001 ether;
msg.sender.transfer(msg.value - itemFee);
```

或者在一个有卖家和卖家的合约中，把卖家的地址存储起来，当有人买了卖家的东西的时候，把买家支付的以太币发送给卖家：

```
seller.transfer(msg.value)
```

7.4.3 实验环境

本实验需要在完成 7.3 节的基础上进行。

7.4.4 实验步骤

在 AnimalHelper 中，进行如下操作。

（1）添加支付系统

宠物主人可以通过支付以太币的方式来强化他们的宠物。这些支付的以太币将存储在宠物主人拥有的合约中，展示如何通过合约赚钱。

定义名为 powerUpFee 的 uint 类型变量，将值设定为 0.001。

定义名为 powerUp 的函数，将接收一个 uint 参数_animalId。函数需修饰 external 和 payable 属性。这个函数首先应该 require，确保 msg.value 等于 powerUpFee。

函数将增加指定宠物的 ATK 属性：

```
animals[_animalId].ATK++
```

（2）添加提现系统

创建一个 withdraw 函数，参考上面的 GetPaid 样例。

以太币的价格在过去几年内不停波动，所以我们应该创建一个函数，允许我们以合约拥有者的身份来设置 powerUpFee。

创建函数 setPowerUpFee，接收一个参数 uint_fee，是 external，并标记为仅 owner 可用。这个函数会使 powerUpFee 等于_fee。

7.4.5 实验报告

将代码和运行结果写进实验报告。

7.5 “战斗”升级

7.5.1 实验目的

了解 Solidity 中使用 keccak256 生成伪随机数的技巧。

7.5.2 原理简介

Hash 函数 keccak256 是 Solidity 中常见的随机数生成器，如生成一个 0～100 的随机数：

```
uint randNonce = 0;
uint random = uint(keccak256(now, msg.sender, randNonce)) % 100;
randNonce++;
uint random2 = uint(keccak256(now, msg.sender, randNonce)) % 100;
```

可以首先通过 now 获取时间戳、msg.sender、自增数 nonce，然后利用 keccak 计算 Hash 值后，进行类型转换，最后取模数，生成最后两位。

7.5.3 实验环境

本节实验需要在完成 7.4 节的基础上进行。

7.5.4 实验步骤

新建 AnimalAttack.sol 文件，从中新建一个继承自 AnimalHelper 的合约 AnimalAttack，然后编辑新的合约的主要部分。

最终期望能够达到这样一个流程：选择一只自己的宠物，然后选择一个对手的宠物去战斗；如果你是战斗发起方（先手），你将有 75%的概率获胜，防守方将有 25%的概率获胜；每只宠物（攻守双方）都会有一个 winCount 和一个 lossCount，用来记录该宠物的战斗结果；如果发起方获胜，这只宠物的 ATK 将增加；如果发起方失败，除了失败次数将加 1，什么都不会发生；无论输赢，当前宠物的战斗冷却周期都将被重置。

7.5.5 实验报告

将代码和运行结果写进实验报告。

7.6 拓展实验

7.6.1 ERC20 代币合约

ERC20 是 FabianVogelsteller 在 2015 年年末提出的合约标准。ERC20 规定了一些格式要求，使通证智能合约类似传统的加密货币，可以做到像其他加密货币一样发送和接收、查看通证总供应量或者查看某个地址的通证余额。

ERC20 约定了一个代币合约需要实现的接口：

```
contract ERC20 {
    function totalSupply() constant returns (uint totalSupply);
    function balanceOf(address _owner) constant returns (uint balance);
    function transfer(address _to, uint _value) returns (bool success);
    function transferFrom(address _from, address _to, uint _value) returns (bool success);
    function approve(address _spender, uint _value) returns (bool success);
    function allowance(address _owner, address _spender) constant returns (uint remaining);
    event Transfer(address indexed _from, address indexed _to, uint _value);
    event Approval(address indexed _owner, address indexed _spender, uint _value);
    string public constant name = "4FunCoin";
    string public constant symbol = "4FC";
```

```
        uint8 public constant decimals = 18;
    }
```

totalSupply( )：函数返回这个 Token 的总发行量。

balanceOf( )：查询某个地址的 Token 数量，结合 mapping 实现。

transfer( )：owner 使用这个函数发送代币。

transferFrom( )：Token 的所有者用来发送 Token。

allowance( )：控制代币的交易和 Token 的流通。

approve( )：允许用户可花费的代币数。

事件函数：

❖ eventTransfer( )：Token 转账事件。

❖ eventApproval( )：允许事件。

实验要求：补全 Token 合约的函数，并进行编译部署。

7.6.2 拍卖合约

本拓展实验要求设计一个拍卖合约。

① 设计合理的拍卖逻辑 functionbid( )。

② 当出价被其他人超越时，可取回出价 functionwithdraw( )。

③ 拍卖结束后，发送最高出价给受益人 functionacutionEnd( )。

需实现效果：每个人都可以在拍卖期内发送他们的出价；如果出价被其他人超过，那么这个人可以撤回出价；在拍卖结束后，受益人手动调用合约来接收最高出价。

7.7 本章实验报告模板

读者在做本章实验时应及时记录实验结果，建议撰写实验报告，对实验进行总结和思考。本章实验报告模板如下。

类型	实验报告内容
问答题	1．总结线上 IDE Remix 的使用方法。

<table>
<tr><td rowspan="2">问答题</td><td colspan="2">2．总结 Solidity 的控制语句的语法。</td></tr>
<tr><td colspan="2">3．总结 Solidity 中函数修饰符的作用。</td></tr>
<tr><td rowspan="4">实验过程记录</td><td colspan="2">1．Solidity 基础入门。
记录所写代码，保留编译成功、部署成功、调用合约得到预期实验现象的截图。</td></tr>
<tr><td>目前为止所有 *.sol 文件代码</td><td></td></tr>
<tr><td>编译成功的截图</td><td></td></tr>
<tr><td>部署成功的截图</td><td></td></tr>
</table>

<table>
<tr><td rowspan="6">实验过程记录</td><td>调用合约得到预期实验现象</td><td></td></tr>
<tr><td colspan="2">2．Solidity 进阶：宠物成长系统。
记录所写代码，保留编译成功、部署成功、调用合约得到预期实验现象的截图。</td></tr>
<tr><td>目前为止所有*.sol文件代码</td><td></td></tr>
<tr><td>编译成功的截图</td><td></td></tr>
<tr><td>部署成功的截图</td><td></td></tr>
</table>

<table>
<tr><td rowspan="5">实验过程记录</td><td>调用合约得到预期实验现象</td><td></td></tr>
<tr><td colspan="2">3．Solidity 高阶理论。
记录所写代码，保留编译成功、部署成功、调用合约得到预期实验现象的截图。</td></tr>
<tr><td>目前为止所有*.sol文件代码</td><td></td></tr>
<tr><td>编译成功的截图</td><td></td></tr>
</table>

<table>
<tr><td rowspan="5">实
验
过
程
记
录</td><td>部署成功
的截图</td><td></td></tr>
<tr><td>调用合约
得到预期
实验现象</td><td></td></tr>
<tr><td colspan="2">4．支付系统。
记录所写代码，保留编译成功、部署成功、调用合约得到预期实验现象的截图。</td></tr>
<tr><td>目前为止
所有*.sol
文件代码</td><td></td></tr>
</table>

<table>
<tr><td rowspan="4">实验过程记录</td><td>编译成功的截图</td><td></td></tr>
<tr><td>部署成功的截图</td><td></td></tr>
<tr><td>调用合约得到预期实验现象</td><td></td></tr>
<tr><td colspan="2">5. “战斗”升级。
记录所写代码，保留编译成功、部署成功、调用合约得到预期实验现象的截图。</td></tr>
</table>

实验过程记录	目前为止所有*.sol文件代码	
	编译成功的截图	
	部署成功的截图	

实验过程记录		
	调用合约得到预期实验现象	
	6．拓展实验 1：ERC20 代币合约。补全 Token 合约的函数，并进行编译部署。	
	实验原理	
	主要步骤	
	关键步骤截图	
	实验结果分析	

	7. 拓展实验 2：拍卖合约。设计一个拍卖合约。	
	实验原理	
	主要步骤	
	关键步骤截图	
	实验结果分析	

第 8 章　简单 DApp 的开发实践

DApp（Decentralized Application，去中心化应用）自 P2P 网络出现以来就已经存在，是一种运行在计算机 P2P 网络而不是单个计算机上的应用程序。DApp 以一种不受任何单个实体控制的方式存在于互联网中。在区块链技术产生前，BitTorrent、Popcorn Time、BitMessage 等都是运行在 P2P 网络上的 DApp，随着区块链技术的产生和发展，DApp 有了全新的载体和更广阔的发展前景。最基本的 DApp 结构为前端+智能合约形式。

本章实验以以太坊为基础：首先，用 Solidity 编写实现会议报名登记功能的智能合约，加强作者编写智能合约的能力；然后，介绍以太坊私有链的搭建、合约在私有链上的部署，从而脱离 Remix，学习更强大的 Truffle 组件；进而学习 Web3.js，实现前端对智能合约的调用，构建完整的 DApp；最后，可对该 DApp 加入个性化机制，如加入 Token 机制等，作为实验选做项。本章实验实现了一个简单的 DApp，但包含 DApp 开发的必备流程，为将来在以太坊上进行应用开发打下基础。

本章实验供读者体验的内容包括：编写实现会议报名登记功能的智能合约（发起会议、注册、报名会议、委托报名、事件触发）；利用 Truffle 组件将合约部署到以太坊私有链（私有链搭建、合约部署、合约测试）；利用 Web3.js 实现前端对合约的调用（账户绑定、合约 ABI、RPC 调用）；发散思维，实现为 DApp 加入 ETH 抵押机制或者实现 *n-m* 门限委托报名机制。

8.1　简单 DApp 的搭建和测试

8.1.1　实验目的

（1）熟悉一个 DApp 的主要架构。

（2）学会使用本实验提供的工具搭建一个简单的 DApp。

8.1.2　原理简介

1．Truffle 组件

Truffle 组件是针对基于以太坊的 Solidity 的一套开发框架，基于 JavaScript，对客户端做了深度集成。Truffle 组件分为三个工具，分别是 Truffle、Ganache 和 Drizzle，本节实验需要用到前两个工具。Truffle 可以自动构建智能合约项目，并简化了智能合约从编写到上线的全部流程；Ganache 用于创建以太坊私有链的客户端，从而方便对合约进行链上测试。

Truffle 官网：https://www.trufflesuite.com。

官方文档：https://www.trufflesuite.com/docs。

2．Web3.js

Web3.js 是一个 JavaScript 库，可以使用 HTTP 或 IPC 连接本地或远程以太坊节点进行交互。通过 Web3.js 与以太坊节点建立连接后，Web3.js 可以实现检索用户账户、发送交易、与智能合约交互等功能。在 DApp 开发中，Web3.js 通常被用于前端与智能合约的交互。

Web3.js 主要包含以下几类 API。

- eth：以太坊区块链操作方法。
- personal：账户的管理和操作。
- net：网络状态查询和管理。

3．API

API（Application Programming Interface，应用程序接口）规定了运行在一个端系统上的软件请求因特网基础设施向运行在另一个端系统上的特定目的地软件交付数据的方式。API 的使用使得软件系统的职责得到合理划分，有助于提高系统的可维护性和可扩展性。

4．MetaMask

MetaMask 是一个开源的以太坊钱包，以浏览器插件的形式运行，用户能够方便地在浏览器中通过该插件连接到以太坊网络中，控制自己的账号进行交易。

8.1.3 实验环境

实验系统：Windows、Linux、macOS 等。

使用软件：最新版本 Chrome 浏览器、MetaMask 插件、NodeJS、Truffle 和 Ganache。

8.1.4 实验步骤

1．会议报名登记系统的基本功能与实现

本节介绍该实验需要完成的会议报名登记系统所具有的基本功能，并指导完成合约部分的编写。

（1）系统功能要求

合约参与方包含一个管理员和其余参与者。管理员可以发起不止一个会议，并指定会议信息和总人数。参与者需要先进行注册，将个人基本信息与以太坊地址相关联，并存储在合约上，才可进行报名，或委托他人为自己报名。当会议报名人满时，该会议将不可再报名。

当合约内某些数据发生变化时，应能够触发事件（event），使前端重新获取并渲染数据。例如当某个会议报名人满时，应触发相应事件使前端及时更新可报名会议列表。

（2）合约文件名称：Enrollment.sol

合约的成员定义（仅供参考，只要能满足功能均可）：

```
address public administrator;

struct Participant{
}

struct Conference{
}

mapping (address => Participant) participants;
Conference[] public conferences;
mapping (address => Participant[]) trustees;
```

（3）合约的函数名及实现（仅供参考，只要能满足功能均可）

```
constructor(){
}

function signUp() public {
}

function delegate() public {
}

function enroll() public {
}

function enrollFor() public {
}
```

管理者函数，发起新会议：

```
function newConference() public {
}

function destruct() private {
}
```

查询函数，查询可报名会议列表：

```
function queryConfList() public {
}
```

```
function queryMyConf() public {
}
```

（4）合约事件

新的会议发布（提示前端更新 ConferenceList 中的可报名会议）：

```
event NewConference()
```

会议报名已满（提示前端将 ConferenceList 中已报满的会议移除）：

```
event ConferenceExpire();
```

用户报名会议（提示前端更新 MyConference 中的会议）：

```
event MyNewConference();
```

提示：通常，合约中用来实现类型或格式转换功能的函数单独写在一个合约文件中，作为库文件，命名为 ConvertLib.sol，在 Enrollment.sol 中进行调用。写法如下（本节实验较简单，不要求必须实现 ConvertLib 库）：

```
library ConvertLib {
    function func1() {
    }

    function func2() {
    }

    ...
}
```

2．学习用 Truffle 组件部署和测试合约

本节介绍如何用 Truffle 组件对刚才编写的合约进行测试和部署到本地私链上。

（1）安装 Truffle 和 Ganache

安装 Truffle 需要用到包管理工具 NPM，结合后续实验需要，应安装先 NodeJS。访问 https://nodejs.org/en/，在官网下载安装 NodeJS，该操作会同时安装好包管理工具 NPM。完成后可在终端输入如下命令：

```
npm -v
```

以查看 NPM 版本。

接下来进行 Truffle 的安装：打开系统的终端，执行“npm install truffle -g”命令，即可完成安装。然后可输入如下命令：

```
truffle -v
```

以查看版本信息。

下面安装 Ganache。Ganache 有图形界面和命令行两种版本，命令行支持数据持久化。为了操作方便，这里仅下载图形界面版本即可。登录 https://www.trufflesuite.com/ganache，下载

并安装完成后，Ganache 界面如图 8-1 所示。

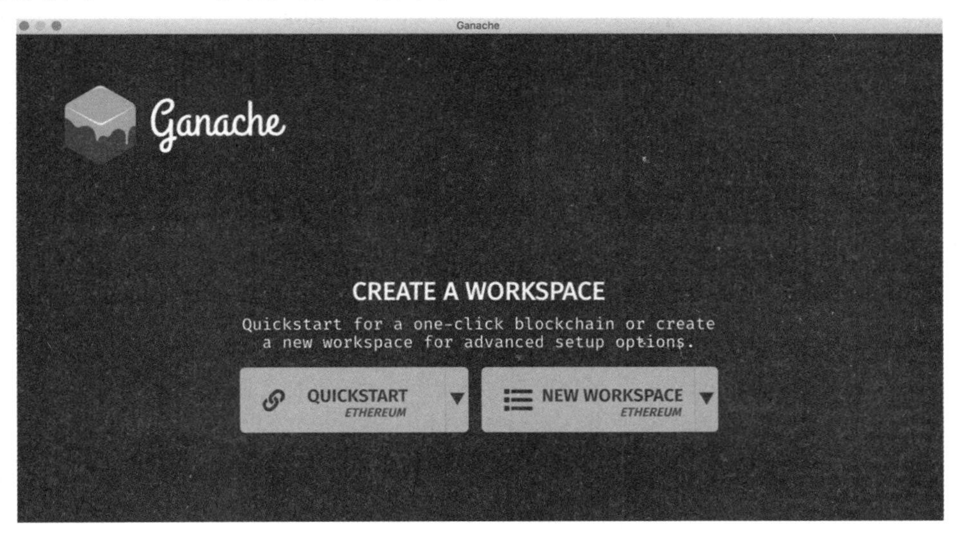

图 8-1　Ganache 图形界面

（2）新建 Truffle 项目并导入合约

进入任意项目文件夹，在终端输入如下命令：

```
truffle init lab8
```

Truffle 会初始化一个以太坊项目，如图 8-2 所示。该项目文件结构如图 8-3 所示。其中，contracts 的 Migrations.sol 用来管理和升级智能合约；migrations 的 1_initial_migration.js 用来部署 Migrations.sol。这两项不需要配置，由 Truffle 自动生成；需要在 contracts 中加入我们写的合约，并在 migrations 中编写相应的部署脚本。

```
Starting init...
================

> Copying project files to lab8

Init successful, sweet!
```

图 8-2　初始化以太坊项目

```
.
├── contracts
│   └── Migrations.sol
├── migrations
│   └── 1_initial_migration.js
├── test
│   └── .gitkeep
└── truffle-config.js
```

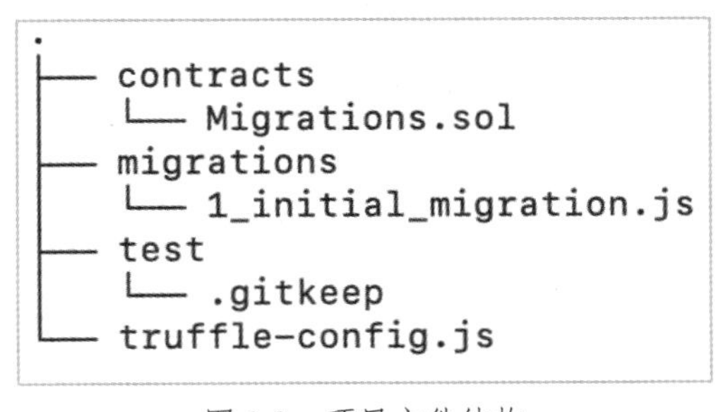

图 8-3　项目文件结构

先将写好的合约 Enrollment.sol 和 ConvertLib.sol（可以没有）放入 contracts 文件夹，再编

写 migrations 中的部署脚本，部署脚本文件名为 2_deploy_contracts.js，具体写法如下：

```
const ConvertLib = artifacts.require("ConvertLib");
const Enrollment = artifacts.require("Enrollment");

module.exports = function(deployer) {
   deployer.deploy(ConvertLib);
   deployer.link(ConvertLib, Enrollment);
   deployer.deploy(Enrollment);
};
```

该脚本会先部署库合约 ConverLib，再将库和报名合约进行链接，然后部署报名合约。

最后配置 truffle-config.js，用于之后配置 Ganache。配置方式如下：

```
networks: {
   development: {
      host: "127.0.0.1",
      port: 7545,
      network_id: "*",
   },
},
```

host 和 port 表示之后对 Ganache 进行 RPC 连接的地址和端口（network 可分为开发环境、测试环境等，这里不作区分，均统一在 Ganache 私链上进行连接）。

（3）为合约编写测试文件

由于智能合约的部署需要花费 Gas，并且一经部署将难以修改，因此在部署之前应确保对合约做过单元测试，尽可能减少出错。合约的单元测试文件有两种写法，分别是用 JavaScript 和 Solidity 来实现。

通常，使用 JavaScript 编写的单元测试文件更复杂，但能实现更多功能；Solidity 编写单元测试文件则相对较为简单。为便于学习，本节将用 Solidity 编写合约的单元测试文件。

```
import "truffle/Assert.sol";
import "truffle/DeployedAddresses.sol";
import "../contracts/Enrollment.sol";
```

导入以上合约，包括要测试的 Enrollment 合约、Truffle 提供的 Assert 和 DeployedAddresses 合约。该测试合约的命名须为 TestEnrollment，T 须为大写，如下：

```
contract TestEnrollment {
   function testXXX() public {
   }
   …
}
```

然后需要通过 DeployedAddresses 来获取被部署测试的合约地址：

```
DeployedAddresses.<contract name>();
```

获取到合约地址后，即可编写测试函数，在测试函数内通过合约地址调用合约函数，并通过 Assert 进行测试结果的判断。详细单元测试文件的写法可参考此教程：

```
https://www.trufflesuite.com/docs/truffle/testing/writing-tests-in-solidity
```

（4）用 Ganache 搭建私链

打开 Ganache 客户端，选择“New Workspace”，在“Add Project”处导入上一步配置的 truffle-config.js 文件，再单击右上角的“Save Workspace”即可。

此时会在本地运行一个以太坊私链，并创建 10 个账户供使用，客户端上方的标签清楚显示了账户、区块、交易、合约、事件和日志页，可实时监测该私链的运行情况。

这里我们已经成功运行了以太坊私链并生成供测试的账户了，下面将部署合约至该链上进行测试。

（5）对合约进行测试和部署

在终端进入 Truffle 项目 lab8 的目录，执行如下命令：

```
truffle test
```

Truffle 会自动编译，并在之前用 Ganache 搭建的私链上调用测试合约，输出如图 8-4 所示（测试结果根据测试文件写法而不同）：

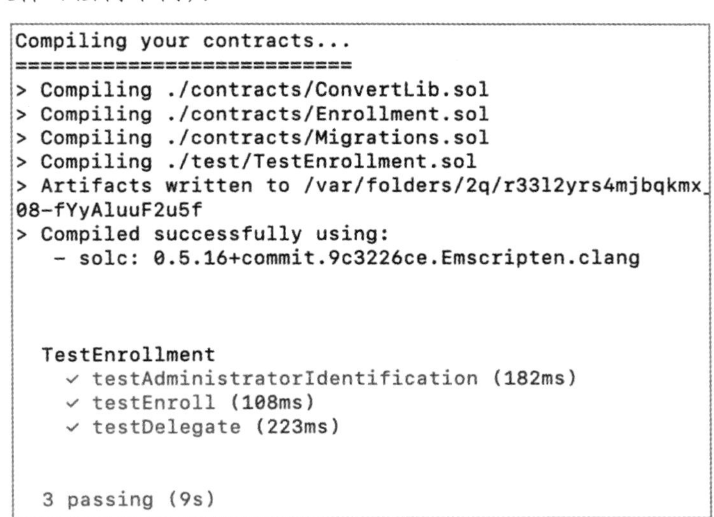

```
Compiling your contracts...
===========================
> Compiling ./contracts/ConvertLib.sol
> Compiling ./contracts/Enrollment.sol
> Compiling ./contracts/Migrations.sol
> Compiling ./test/TestEnrollment.sol
> Artifacts written to /var/folders/2q/r33l2yrs4mjbqkmx_
08-fYyAluuF2u5f
> Compiled successfully using:
   - solc: 0.5.16+commit.9c3226ce.Emscripten.clang



  TestEnrollment
    ✓ testAdministratorIdentification (182ms)
    ✓ testEnroll (108ms)
    ✓ testDelegate (223ms)


  3 passing (9s)
```

图 8-4 测试合约的输出

在合约测试完成后，即可进行合约的部署了。部署之前，建议使用 Ganache 重新搭建一条私链，以清除之前进行测试留下的区块和交易记录，便于观察其部署过程。部署合约，只需要在终端执行如下命令：

```
truffle migrate
```

便会自动进行合约的编译和部署。

部署完成后，会输出各合约的部署情况和总共的 Gas 花费，Ganache 中的第一个账户即为该合约的部署者，如图 8-5 所示。

```
Summary
=======
> Total deployments:    3
> Final cost:           0.01095514 ETH
```

图 8-5　各合约的部署情况和总共的 Gas 花费

至此，该合约已被测试并部署于以太坊私链上了。在项目文件夹的 build 目录中会生成一系列 JSON 文件，这些文件将在下一节中起作用。

3．利用 Web3.js 实现合约与前端的结合

前文提到，完整 DApp 的基本组成是智能合约和前端，目前智能合约已成功运行于以太坊，下面通过 Web3.js 实现二者之间的调用和订阅。

（1）前端界面接口

本节实验已提供了一个简单前端界面供使用，为附件中的 lab8-frontend，读者们只需实现：通过前端界面对以太坊节点进行 RPC 调用，执行合约中的函数；将合约返回的数据，以及订阅的合约事件提醒及时展示在前端界面。前端界面如图 8-6 所示。

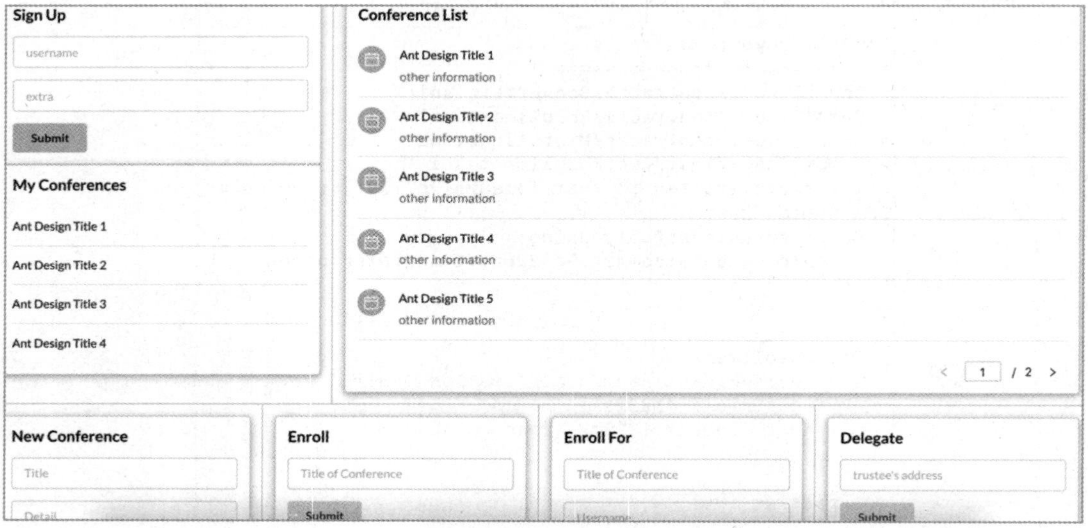

图 8-6　前端界面

前端界面共有 7 大组件，分别对应注册（将个人信息与地址绑定，存储在合约中）、会议列表（展示目前可报名会议）、我的会议（展示我已报名的会议）、新的会议（合约管理员发起会议）、报名（为自己报名可报名会议）、为委托人报名、委托（将报名权限委托给他人）。

其中，注册、新的会议、报名、为委托人报名以及委托这五个组件均为表单，不起数据展示作用，仅在 Submit 后提示合约执行成功还是失败；其余两个组件起数据展示作用，会订阅合约中的事件，收到事件通知后，会根据通知调用合约内的查询函数（view 类型函数，需自行实现），更新显示数据。

本前端界面采用 React 框架，其技术特点和数据流处理不在此赘述，仅需要在某些特定位置编写相关代码。React 框架的文件结构如图 8-7 所示。

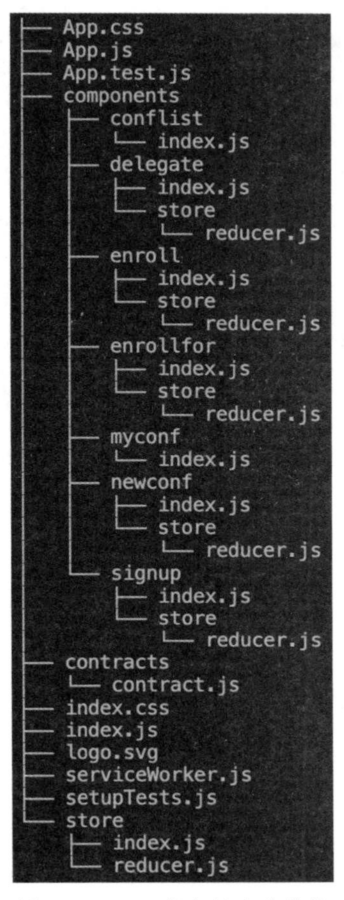

图 8-7　React 框架的文件结构

components 目录包含了上文提到的七个组件，需要读者添加代码的部分也仅限于各组件一级目录下的 index.js 文件。

（2）在前端项目文件中配置合约信息

为了使前端能够通过 Web3.js 调用合约，前端必须获取合约的接口信息。智能合约会在编译完成后提供 ABI，即应用二进制接口能提供上述信息。合约编译后，在 /build 目录下会生成 JSON 文件，该文件就包含了合约 ABI 信息，具体格式可参考图 8-8。

在前端项目的 src/contracts/contract.js 文件中的标注位置粘贴即可。之后，可在 Ganache 的 contracts 中找到部署的 Enrollment 合约，复制合约地址，同样粘贴到 contract.js 的标注位置。之后便可生成 web3 实例，并注入合约信息。

window.web3.currentProvider 为当前浏览器的 web3 Provider：

```
const web3 = new Web3(window.web3.currentProvider);
```

```
"abi": [
  {
    "inputs": [],
    "payable": false,
    "stateMutability": "nonpayable",
    "type": "constructor"
  },
  {
    "constant": true,
    "inputs": [
      {
        "internalType": "address",
        "name": "",
        "type": "address"
      }
    ],
    "name": "participants",
    "outputs": [
      {
```

图 8-8　合约 ABI 信息

允许连接到 MetaMask：

```
window.ethereum.enable();
```

导出合约实例：

```
export default new web3.eth.Contract(abi, address);
```

（3）通过 Web3.js 实现前端与合约交互

本节实验用到的 Web3.js 方法主要有如下几种。

① web3.eth.Contract：包含对合约进行操作的很多方法，如 methods（为合约方法创建交易）、call（调用合约方法）、send（为调用合约方法发送交易）、events 方法，可以订阅对应的合约事件，从而让前端及时响应合约数据的变化，进行页面的更新。

② web3.eth.accounts：获取当前的账户信息等。

下面是对表单类组件（通过 submit 提交数据到合约）的交互写法。

```
const mapDispatchToProps = (dispatch) => {
    return {
        submit(username) {
            contract.methods.signUp()
            .send({from:window.web3.eth.accounts[0]},function(err,res){console.log(res)})
            .then((res)=>console.log(res));
            dispatch({
                type: 'submit_signup'
            })
        },
    }
}
```

打开 src/components/ 表单类组件名 index.js，找到 mapDispatchToProps 中的 submit( )函数，并在 dispatch( )之前补充 Web3.js 代码。如上述代码，contract.methods 后可以接合约方法名，创建对应交易。在 signUp( )中，参数分别为地址、用户名、额外信息。其中，web3.eth.accounts[0] 可查询当前账户列表的第一个以太坊账号地址，而用户名和额外信息来自表单中的输入。

由于 signUp( )会将信息保存在合约中，因此需要花费 Gas，所以要用 send( )指定支付人。这里与注册者保持一致，均为 web3.eth.accounts[0]。send( )执行完毕，合约会返回执行结果，本例仅简单在控制台进行输出（console.log(res)）。这样就完成了前端的注册组件与合约的交互。

注意：上述代码的 send( )有两个返回对象 res，一个是作为 send( )内的回调函数输入，一个作为整个 send( )执行完毕的输入。前者返回的是合约方法返回值，后者返回的是交易单信息，应进行区分。例如，下一步中想从合约中获取展示数据，那么该数据就是第一个返回值。

请参考上述注册组件代码中交互代码的写法，完成另外四个表单类组件对合约的调用。

（4）对于另外两个数据展示类组件（会议列表、我的会议），要求首先能调用合约中的查询类方法，获取会议数据，在前端显示；然后，当管理员发布新会议或自己进行报名后，前端应监听到相应的事件，并重新调用查询方法，让前端及时更新。

前者类似表单类组件，通过 contract.methods 进行调用即可。请思考：这里的调用应采用 call( )方法还是 send( )方法？

后者则需要在组件中设置对订阅的监听。对订阅的监听写法如下：

```
componentDidMount(){
    contract.events.updateNewConf(
        {
            filter: {},
            fromBlock: window.web3.eth.getBlockNumber()
        },
        function(error, event){ })
        .on('data', function(event) {
            console.log(event.returnValues);
        })
        .on('changed', function(event){
    })
    .on('error', console.error);
}
```

componentDidMount( )是一种生命周期函数，表示该函数内的语句会在该组件加载完成后开始执行。首先应执行一遍查询操作，使页面一旦加载好就有数据被展示出来；再调用 contract.events.updateNewConf( )，表示订阅 updateNewConf 事件。参数中的 fromBlock 设置为从当前区块高度开始订阅，否则会订阅到历史上所有对该事件的触发；当合约中执行了 emit updateNewConf( )时，会被本代码捕捉到，将事件内容传递到 function(error, event){ }中，而我们需要在该函数中重新执行查询操作，完成页面的更新。

查询操作需要将查询结果保存在该组件内的 const data 数组内，在 List 组件中将该 data 作为数据源，通过 renderItem 遍历渲染 data 中的数据，如下代码所示：

```
<List
    itemLayout = "horizontal"
    dataSource = { data }
    pagination = {{ pageSize: 5, simple: 'true' }}
    renderItem = { item => (
        <List.Item>
            <List.Item.Meta
                avatar = { <Avatar icon={<CalendarOutlined />} /> }
                title = { item.title }
                description = { item.detail }
            />
            </List.Item>
        )
    }
/>
```

请参考该代码，完成 My Conference 和 Conference List 两个组件的订阅和更新。

(5) 结合 MetaMask 实现完整功能。

在 Chrome 应用商店中搜索并安装 MetaMask，或使用 CRX 文件安装该浏览器插件。安装好之后，用户首次使用需设置密码并保存助记词，便于日后安全地登录账号。

单击该插件图标，将以太坊网络从连接到以太坊主网改为自定义 RPC 接口。在自定义界面，将 URL 设为 Ganache 部署的地址和端口，单击“保存”按钮并切换至该网络，如图 8-9 所示。

图 8-9　将以太坊网络从连接到以太坊主网改为自定义 RPC 接口

切换完成后，需要单击 MetaMask 右上角的账户头像，选择导入账户，然后可以在 Ganache

的测试账户列表中任意选择一个私钥，将其导入 MetaMask，就可以在浏览器中操纵该账户了。

到目前为止，合约已经成功部署在本地测试链，而前端已经补充完成与合约的交互代码，并且测试账户也可在浏览器上使用，接下来是运行前端界面，正式测试该 DApp 的完整功能。

用命令行在项目根目录，即在 lab8-frontend/处执行"npm install"命令，再执行"npm start"命令，即可将该前端界面运行在 localhost:3000。

在界面提交任意表单，执行相应合约方法时，如出现图 8-10 所示的窗口，则表明前端通过 Web3.js 调用合约成功。该窗口表明，当前账户将执行合约交互操作，且该操作需要花费一定的 Gas，需要手动确认支付。

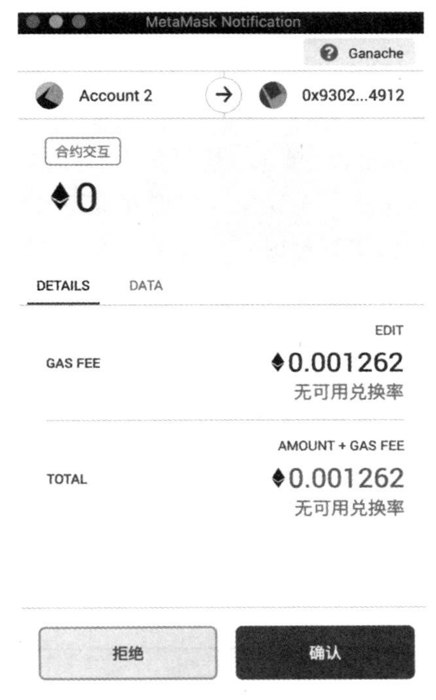

图 8-10　前端通过 Web3.js 调用合约成功

至此，简单 DApp 的开发已完成，请读者演示各表单的提交情况、相应数据的展示和订阅情况，并在 Ganache 中找到对应的 Log。

8.1.5　实验报告

记录主要实验步骤，并在实验报告中回答以下思考题。

【思考题】

（1）应在合约的哪个函数中指定管理员身份？如何指定？

（2）在发起新会议时，如何确定发起者是否为管理员？简述 require( )、assert( )、revert( )的区别。

（3）简述合约中用 memory 和 storage 声明变量的区别。

(4) 观察部署完成后 Ganache 的 Blocks、Transactions、Log 记录，完整叙述合约的部署流程和合约调用流程。

8.2 拓展实验：抵押机制和门限签名

本实验为拓展实验，供学有余力的读者进行尝试。

(1) 为保证会议报名系统的稳定运行，需防止恶意抢先报名，但未出席会议的情况出现

在上述 DApp 的基础上加入 Ether 抵押机制，当报名时，需要抵押少量 Ether 在合约内，当成功出席会议时，会触发合约函数退还抵押的 Ether。

提示：结合 MetaMask 登录 Ganache 创建的账户，利用该测试账户内的余额进行抵押。是否出席会议可简化为一个签到函数，当执行该函数即可退还余额。此外，需考虑委托报名时，受托者如何调动抵押款（前端代码中的“签到”按钮位于 App.js line:53，可简化为单击一次“签到”按钮，即对当前用户报名的第一个会议完成签到并退还 Ether）。

(2) 设计并实现一个 *n*-*m* 门限委托模型

用户可将报名权限委托给 *m* 个地址，只有其中 *n*+1 个地址同时为其报名时才能报名成功。

提示：需重新设计数据结构，使原本受托方到委托方的单向链接变为双向链接，便于验证。*n*-*m* 的具体数值应是可调的，可以由委托方指定。

8.3 本章实验报告模板

读者在做本章实验时应及时记录实验结果，建议撰写实验报告，对实验进行总结和思考。

本章实验报告模板如下。

类型	实验报告内容
问答题	1．总结一个基于以太坊私链的 DApp 架构。
	2．什么是 API？在前几章实验中，我们还在哪里接触过 API？

<table>
<tr><td rowspan="9">实
验
过
程
记
录</td><td colspan="2">1．简单 DApp 的搭建与测试。</td></tr>
<tr><td colspan="2">（1）参考注册组件代码中交互代码的写法，完成另外 4 个表单类组件对合约的调用。</td></tr>
<tr><td>实验步骤</td><td></td></tr>
<tr><td>实验代码</td><td></td></tr>
<tr><td>实验结果</td><td></td></tr>
<tr><td colspan="2">（2）完成 My Conference 和 Conference List 两个组件的订阅和更新。</td></tr>
<tr><td>实验步骤</td><td></td></tr>
<tr><td>实验代码</td><td></td></tr>
</table>

<table>
<tr><td rowspan="6">实
验
过
程
记
录</td><td>实验结果</td><td></td></tr>
<tr><td colspan="2">（3）记录主要实验步骤和演示现象。</td></tr>
<tr><td>实验步骤</td><td></td></tr>
<tr><td>实验代码</td><td></td></tr>
<tr><td>实验结果</td><td></td></tr>
</table>

<table>
<tr><td rowspan="9">实
验
过
程
记
录</td><td colspan="2">（4）应在合约的哪个函数指定管理员身份？如何指定？</td></tr>
<tr><td>哪个函数</td><td></td></tr>
<tr><td>如何指定</td><td></td></tr>
<tr><td colspan="2">（5）在发起新会议时，如何确定发起者是否为管理员？简述 require( )、assert( )、revert( )的区别。</td></tr>
<tr><td>如何确定</td><td></td></tr>
<tr><td>require()、
assert()、
revert()
的区别</td><td></td></tr>
<tr><td colspan="2">（6）简述合约中用 memory 和 storage 声明变量的区别。</td></tr>
<tr><td colspan="2">（7）观察部署完成后 Ganache 的 Blocks、Transactions 和 Logs 记录，完整叙述合约的部署流程和合约调用流程。</td></tr>
</table>

<table>
<tr><td rowspan="7">实
验
过
程
记
录</td><td colspan="2">2．拓展实验：抵押机制和门限签名。</td></tr>
<tr><td colspan="2">（1）为保证会议报名系统的稳定运行，需防止恶意抢先报名，但未出席会议的情况出现。请在上述 DApp 的基础上，加入以太币抵押机制，当报名时，需要抵押少量以太币在合约内；当成功出席会议时，会触发合约函数退还抵押的以太币。</td></tr>
<tr><td>实验原理</td><td></td></tr>
<tr><td>主要步骤</td><td></td></tr>
<tr><td>关键步骤截图</td><td></td></tr>
<tr><td>实验结果分析</td><td></td></tr>
</table>

<table>
<tr><td rowspan="5">实
验
过
程
记
录</td><td colspan="2">（2）设计并实现一个 n-m 门限委托模型，用户可将报名权限委托给 m 个地址，只有当其中 n+1 个地址同时为其报名时才能报名成功。</td></tr>
<tr><td>实验原理</td><td></td></tr>
<tr><td>主要步骤</td><td></td></tr>
<tr><td>关键步骤
截图</td><td></td></tr>
<tr><td>实验结果
分析</td><td></td></tr>
</table>

第 9 章　自主设计实验

本书前面介绍的都是区块链系统的入门级实验，实验内容较为固定，主要面向区块链方向刚入门的读者，为他们提供工程实践的机会。本章将安排两个自主设计实验，会对基本的实验原理进行讲解，有一定的难度和自由度，供学有余力的读者进行学习。

9.1　共识算法的实现与测试

9.1.1　实验目的

通过自主设计实验，体验典型共识机制的原理及运作过程，感受区块链系统的奥妙。

9.1.2　实验概述

中本聪于 2008 年第一次提出了比特币的概念，让数字货币进入了人们的视野，数字货币的底层技术——区块链技术也得到了大家的关注与重视。区块链技术能够通过共识机制在一个不可信、分布式系统中让各节点达成一致，可以看到共识机制是区块链技术的核心技术之一，从本质上保证了区块链系统的安全性和可靠性。同时，区块链的安全保证、扩容、吞吐量的增加都离不开区块链共识机制。

本节实验的目的是让读者了解和掌握一些基本的区块链共识机制，具体为：掌握区块链共识机制的基本概念；掌握常用的共识算法的原理，如 PoW、PoS、DPoS、BFT、PBFT 等共识算法；能够使用 Go 语言编写 PoW、PoS、DPoS 算法；利用拓展实验，掌握 PBFT 共识算法原理；查阅相关资料，使用 Go 语言实现 PBFT 算法。

9.1.3　原理简介

工作量证明算法 PoW、权益证明算法 PoS、委托人证明算法 DPoS 和实用拜占庭容错 PBFT 算法是常见的共识算法，这些都是在学术界和工业界广泛应用的共识算法，经过了时间的检测，并且不断改进，在不同的应用场景下保证了区块链系统的安全可靠运行。当然，也有很多新兴的区块链共识算法，如在物联网领域兴起的基于有向无环图 DAG 的缠结共识算法。

1．工作量证明 PoW

PoW（Proof of Work）是中本聪在其比特币奠基性论文中提出来的用于比特币的一种共识机制，也是最早在区块链得到大范围应用的一种共识机制。PoW 已经安全运行了超过十年时间，事实证明，PoW 是安全可靠的。PoW 的原理是一方提出一个难以计算却能够被简单验证的数学难题，其他人能够快速验证提交人运算的准确性，从而判断该提交人完成了在这个过程中的大量工作。

PoW 共识机制的设计正是效仿了上述的设计，每个节点通过计算求解一个运算复杂但是验证相对容易的 SHA256 数学难题，这个计算过程就是我们最常听到的挖矿的过程。最早计算出该数学难题的挖矿节点将能够获得区块链的记账出块权利，并且挖矿节点能够获得一定的比特币和交易费作为其挖矿奖励。区块链系统可以控制挖矿难度来控制出块速度，如比特币网络的出块速度大致为 10 分钟一个。PoW 共识机制能够抵抗 51%攻击，也就是说，攻击者的算力要达到整个网络中总算力的 51%才能够成功攻击。图 9-1 是比特币 PoW 共识机制的运行原理。

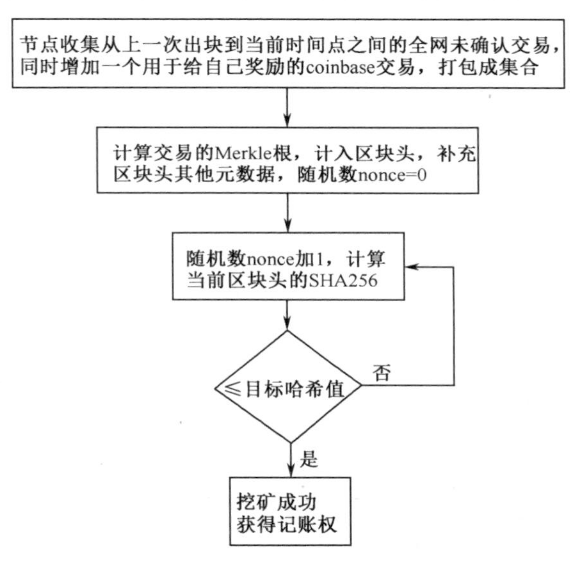

图 9-1　比特币 PoW 共识机制的运行原理

2．权益证明 PoS

比特币采用的 PoW 共识机制有着很好的安全性，但是其采用的哈希解谜的挖矿过程有着非常庞大的电力消耗。为了节省资源等一系列需求，研究者在尝试用虚拟挖矿代替实际的计算挖矿。虚拟挖矿是一种只需要少量计算资源就能够代替全网挖矿的挖矿方式，其中本节 PoS（Proof of Stake）共识机制就是一种非常具有代表性的虚拟挖矿方式。

PoS 使用权益证明的方式替代工作量证明，这样会使系统中具有最高权益的节点而不是最高算力的节点具有记账权，权益是通过币龄来计算的。币龄是一个节点对特定数量的币的所有权，是通过交易金额（币）乘以交易的币在账上存留的时间（天）得出的权力。币龄越大，节点越有可能获得记账出块的权力。因为不用全网挖矿，PoS 共识机制不需消耗大量的能源。

3．委托权益证明 DPoS

授权股份证明是通过一个去中心化的民主选举解决了 PoW 和 PoS 存在的问题，每个币都是一票，持币人可以将自己的票投给信任的节点，系统会根据票数统计得票最多的几个节点，称为系统受托人。

采用 DPoS（Delegated Proof of Stake）共识机制的有比特股。比特股引入见证人的概念，每个比特股持股人都能够进行投票选举见证人，从总票数中选取票数最多的 N 个候选人成为见证人，见证人能够打包区块进行出块，并且见证人的个数 N 必须满足一半的投票人相信 N 已经充分去中心化。候选人的名单会周期性更新。见证人会按照一个随机顺序生成区块。

9.1.4 实验环境

开放实验不限制实验环境，但推荐读者使用 Go 语言完成本节实验。

9.1.5 实验步骤

1．PoW 共识的实现

自主设计实验，根据 PoW 共识原理完善代码，形成可运行的 PoW 共识模型。PoW 的本质就是看谁能先解出一道数学题，读者可以按照这种思想设计一种 PoW 类型的共识算法，并且使用 Go 语言实现 PoW 类型的共识算法。

具体可以参考下列代码。

(1) 区块结构

由于我们要实现的是一条简化版的区块链，因此区块中暂时仅包含以下信息：

```
type block struct {
    Lasthash string
    Hash string
    Data string
    Timestamp string
    Height int
    DiffNum uint
    Nonce int64
}
```

Data 实际是区块链中的"Transaction"字段，目前暂时不会涉及太复杂的结构，只需要知道是一串字符信息即可。Hash 字段用来记录当前块的 Hash 值。

哈希（Hash）计算是区块链一个非常重要的部分，保证了区块链的安全。计算一个满足条件的 Hash 是在计算上非常困难的一个操作，即使高速计算机上也要耗费很多时间（这就是为什么人们会购买 GPU、FPGA、ASIC 来挖币）。这是一个架构上有意为之的设计，故意使得加入新的区块十分困难，继而保证区块一旦被加入，就很难再进行修改。

（2）挖矿

挖矿的伪代码如下，读者应自行设计并补全。

```
func mine(data string) block {
    if len(blockchain) < 1 {
        log.Panic("error")
    }
    lastBlock := blockchain[len(blockchain)-1]
    nowBlock:= new(block)
    Nonce:=generateNonce()
    While(true){
        if(isTrue){
            break;
        }
    }
    return *newBlock
}
```

（3）主函数

主函数的代码如下：

```
func main() {
    genesisBlock := new(block)
    genesisBlock.Timestamp = time.Now().String()
    genesisBlock.Data = "i am genesisBlock!"
    genesisBlock.Lasthash = "00000000000000000000000000000000000000000000000000000000000"
    genesisBlock.Height = 1
    genesisBlock.Nonce = 0
    genesisBlock.DiffNum = 0
    genesisBlock.getHash()
    fmt.Println(*genesisBlock)
    blockchain = append(blockchain, *genesisBlock)
    for i := 0; i < 10; i++ {
        newBlock := mine("hello" + strconv.Itoa(i))
        blockchain = append(blockchain, newBlock)
        fmt.Println(newBlock)
    }
}
```

2. PoS共识的实现

根据PoS共识原理，完善代码，形成可运行的PoS共识模型，可以参考以下代码。

（1）区块结构

相比于PoW共识算法的区块结构，我们增加了挖出块的地址address字段，代表产生本区块的挖矿节点的区块。

```
type block struct {
    prehash string
    hash string
    timestamp string
    data string
    height int
    address string
}
```

（2）挖矿节点的数据结构

我们还需要定义挖矿节点的数据结构：

```
type node struct {
    tokens int
    days int
    address string
}
```

（3）概率池

系统初始化时，需要定义概率池，使得每个挖矿节点挖出矿的概率和持有币的数量和质押时间有关，伪代码如下（需要读者完善）：

```
func init() {
    mineNodesPool = append(mineNodesPool, node{1000, 1, "AAAAAAAAAA"})
    mineNodesPool = append(mineNodesPool, node{100, 3, "BBBBBBBBBB"})
    for _, v := range mineNodesPool {
        for i := 0; i <= v.tokens*v.days; i++ {
            probabilityNodesPool = append(probabilityNodesPool, v)
        }
        fmt.Println(len(probabilityNodesPool))
    }
}
```

（4）挖矿过程

挖矿过程的函数如下：

```
func getMineNodeAddress() string {
}
```

（5）主函数

主函数如下：

```
func main() {
    genesisBlock := block{"0000000000000000000000000000000000000000000000000000000000000000",
                    "", time.Now().Format("2006-01-02 15:04:05"),
                    "我是创世区块", 1, "0000000000"}
    genesisBlock.getHash()
    blockchain = append(blockchain, genesisBlock)
    fmt.Println(blockchain[0])
```

```
        i := 0
        for {
            time.Sleep(time.Second)
            newBlock := generateNewBlock(blockchain[i], "I am a block", "00000")
            blockchain = append(blockchain, newBlock)
            fmt.Println(blockchain[i+1])
            i++
        }
    }
```

3．DPoS 共识的实现

由项目发起方决定区块链中的候选人的个数，设置候选人为 101 个。这 101 个中由用户选举出 10 个见证人，这 10 个见证人将按照一个随机顺序进行挖矿，用户的票数和自己的持币数量成正比。完成 10 次出块后，将重新选举见证人。请读者根据 DPoS 共识原理，完善代码，形成可运行的 DPoS 共识模型。

参考下列 DPoS 伪代码：

```
    dlist_i = get N witnesses sort by votes
        dlist_i = shuffle(dlist_i)
        for i range dlist_i
            generate block by dlist_i;
```

9.1.6 实验报告

在实验报告中简要回答你的实验设计思路、实验过程和收获。

【思考题】

（1）如何调整挖矿难度？

（2）PoW 挖矿对 CPU 要求高还是对内存要求高？

（3）你能想出哪些其他的工作量证明的共识实现方法？

（4）为什么出块概率需要与质押时间有关？

（5）PoS 共识相比 PoW 共识具备哪些优点？

9.2 区块链的瓶颈和扩容方案

9.2.1 实验目的

通过自主设计实验，读者需要了解区块链系统作为一个分布式系统存在的瓶颈，体验第一层和第二层扩容方案。

9.2.2 实验概述

本节实验要求读者：自主设计实验，熟悉区块链的基本扩容方案原理；搭建闪电网络和雷电网络的基本架构，测试高频小额交易的优化性能；发散思维，测试分析比特币的隔离见证分叉对区块承载信息有效性的影响。

9.2.3 原理简介

1．CAP 原理

加州大学计算机科学家 Eric Brewer 在 1998 年提出评测分布式系统时，主要有三个性能指标，分别是：Consistency（分区容错性）、Availability（可用性）、Partition Tolerance（一致性）。Eric Brewer 提出，在一个分布式系统中，上述三个指标是不可能同时做到的，因为这三个指标的英文单词的第一个字母分别是 C、A、P，所以被称为 CAP 定理，如图 9-2 所示。

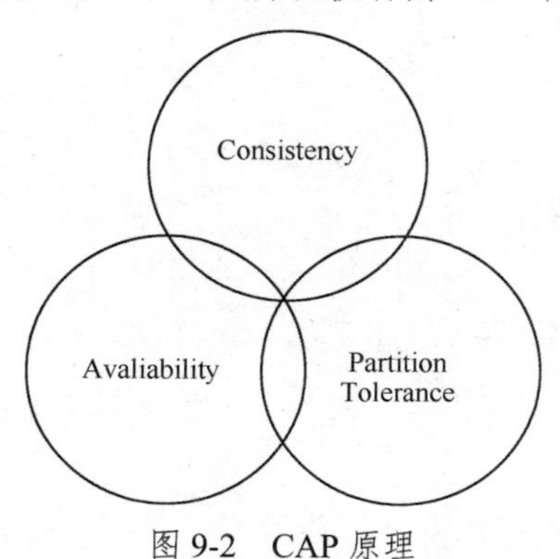

图 9-2　CAP 原理

共识机制是每个区块链系统独有的特色，也是区分不同区块链系统的重要参考之一。共识机制从核心的角度决定了整个区块链系统的性能特征，包括安全性、吞吐率等。区块链作为分布式系统的典型案例，其本身也满足 CAP 原理的约束：不可能同时满足一致性、可用性和分区容错性。在进行分布式系统设计时，往往需要让某性能指标做出让步，从而达到在其他两个性能指标上实现进步或优化的目标。对应到区块链系统，就要考虑区块链系统不可能同时满足高效率、完全去中心化和强安全这三个基本需求。

在本节实验中，我们将介绍区块链的扩容方案，读者可以使用 CAP 原理总结归纳：当我们追求区块链的更高性能时，哪一部分的属性被相对弱化了。

区块链系统也是一类分布式系统，但根据 CAP 原理可知，分布式系统中不可能同时满足一致性、可用性和分区容错性，最多只能实现两个，系统设计时往往需要弱化对某性能指标的需求。目前还不存在任何一个共识机制可以同时满足完全去中心化、高效率和强安全，这对区块链的共识设计提出了进一步的要求。

2．闪电网络

比特币中的交易确认速度极慢，一笔交易要得到完全确认要等待 6 个区块，且每笔交易都存在交易费，这对于对时效性要求较高且金额较小的交易是极其不友好的。我们将此类交易称为高频小额交易。一方面，为了促使高频小额交易能够快速收发；另一方面，为了提高比特币系统的吞吐率，以微支付为基本手段的闪电网络由此诞生。闪电网络的基本思路是：对于一些微支付类型的交易，没有必要将它们都记到链上，它们需要保证的不是安全性，而是即时效率；在链下记录这些交易的完整信息，但只把它们涉及的状态总体该变量放到链上进行记录。这样就大大提升了交易吞吐率。

闪电网络相当于比特币中的支付宝，支持高频小额交易的迅速进行，如图 9-3 所示。

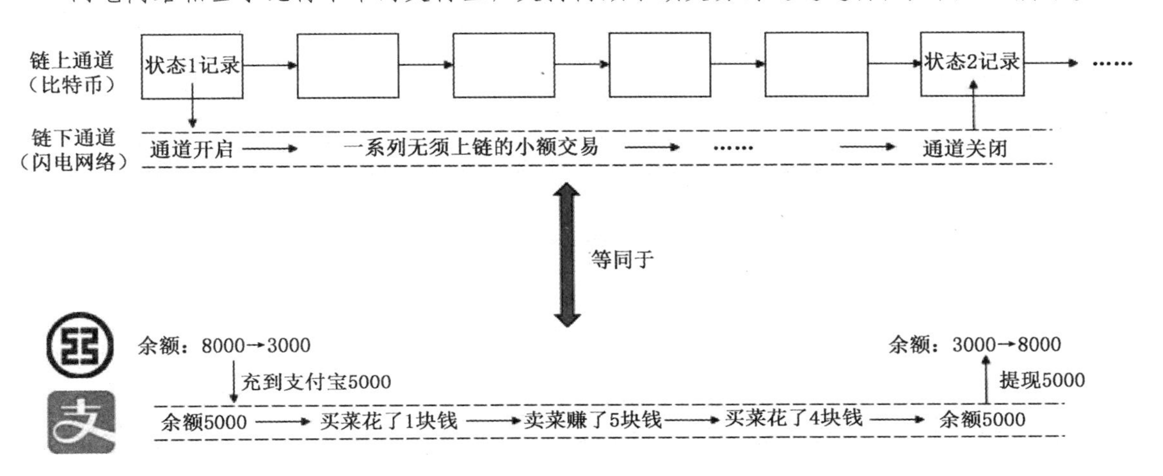

图 9-3　比特币和闪电网络就如同工商银行和支付宝

为实现上述通道开关与交易进行，闪电网络可以用两类由比特币脚本实现的合约来构建，分别是序列到期可撤销合约和哈希时间锁定合约。前者解决了通道中比特币的押金机制和赎回机制，后者解决了比特币跨节点传递的问题。这两类交易组合构成了闪电网络的基本框架。

哈希时间锁定合约如图 9-4 所示。

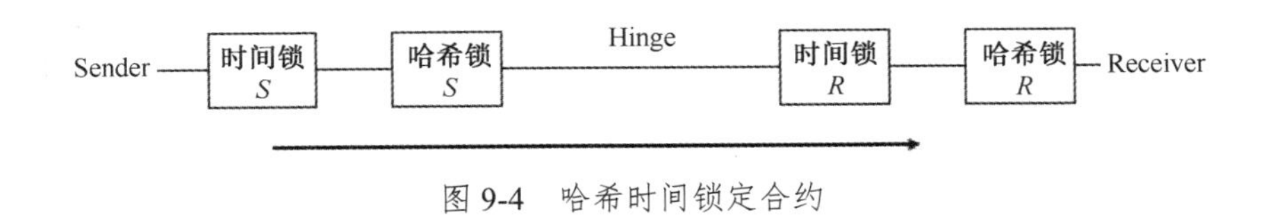

图 9-4　哈希时间锁定合约

我们首先做出以下定义。

❖ 时间锁：设定一个锁定时间，在这个时间内，交易才是有效的。

❖ 哈希锁：给定一个值 H，该交易的解锁脚本为：给出一个原像 R，使得 hash(R)=H。

可以发现，如果整个流程的任何环节受到阻碍时间锁的作用是让参与交易的各方拿回属于自己的赎金，那么防止交易欺诈或交易失败会给某一方造成损失。

图 9-4 所示的哈希时间锁定合约的主要流程如下。

（1）Receiver 随机取原像 R，把对应的哈希值 H=hash(R)发送给 Sender。

（2）Sender 建立一个哈希时间锁定（HTLC）合约：当且仅当 Hinge 在 t 时刻内正确提供

R，Sender 的 2 BTC 才会支付给 Hinge。

(3) Hinge 建立一个 HTLC 合约：当且仅当 Receiver 在 t 时刻内正确提供 R，Hinge 的 2 BTC 才会支付给 Receiver。

(4) 如果 Receiver 在 t 时刻内正确提供 R，使得 Hinge 的 2BTC 支付给 Receiver，那么此时 Hinge 也获得了 R。反之，Hinge 会拿回原属于自己的 2 BTC，不遭受任何损失。

如果 Hinge 在 t 时刻内正确提供 R，使得 Sender 的 2 BTC 支付给 Hinge，此时 Sender 也获得了 R。反之，Sender 会拿回原属于自己的 2 BTC，不遭受任何损失。

3．雷电网络

雷电网络可以看成以太坊中的“闪电网络”，但与比特币不同，以太坊拥有完备的智能合约体系和账户余额模型，所以以太坊的雷电网络运用的关键技术是状态通道。

一个状态机的一般描述为：

$$f(s,\Delta) \rightarrow s'$$

这个描述的含义为，一个状态机可以通过状态转移函数，将原状态在一定的修改下转移为新状态。这个描述在以太坊中可以写成：

$$f(\text{账户余额,转账行为}) \rightarrow \text{新的账户余额}$$

其中，转账行为属于保存在区块链中的累加数据（即新的数据不会覆盖旧的数据），即交易单；账户余额属于以太坊虚拟机的世界状态数据库中所存的账户状态，属于可变数据。要想实现以太坊的扩容，明显要从区块链的交易单数据入手。状态通道采取的思路和闪电网络类似，即将大部分交易的过程放到链下，链上只存储起始和最终的状态。

下面提供了一个状态通道的例子。

(1) 和平假定：假设各参与方都是诚实的。参与方为 Alice 和 Bob。

步骤 01：启动初始合约。

Alice 和 Bob 启动一个初始合约，实际上是将一定量的代币锁在链上，如图 9-5 所示。

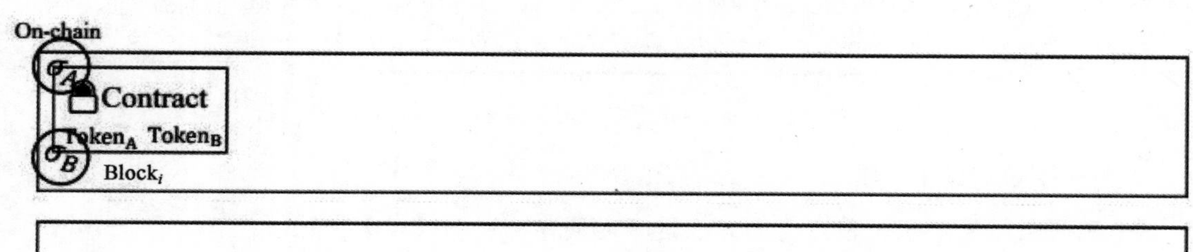

图 9-5　启动初始合约

步骤 02：启动并初始化链下状态通道。

Alice 和 Bob 启动链下通道，并通过签名确认通道的 State 0 状态，如图 9-6 所示。

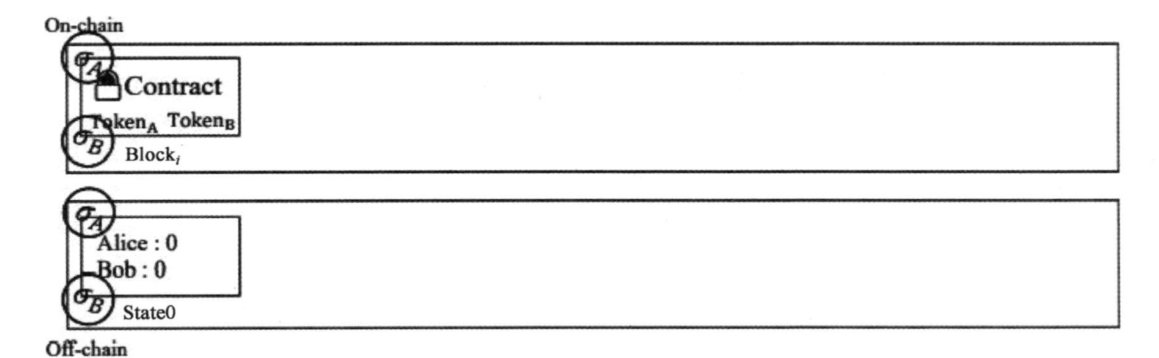

图 9-6　确认通道的 State0 状态

步骤 03：更新状态。

步骤 03-1：Alice 为 Bob 付出了一定努力，Bob 应把 a_1 个 Token 支付给 Alice。

步骤 03-1-1：主动方（收款方）Alice 更新通道的状态，确认 State1 状态，并签名，如图 9-7 所示。

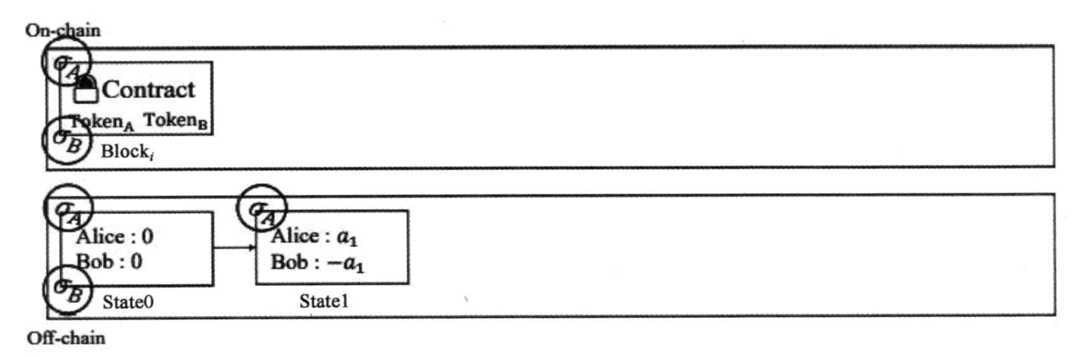

图 9-7　Alice 确认 State1 状态

步骤 03-1-2：付款方 Bob 确认了 State1 状态，并对 State1 的相关信息（参与方的状态和版本号等信息）进行签名，如图 9-8 所示。

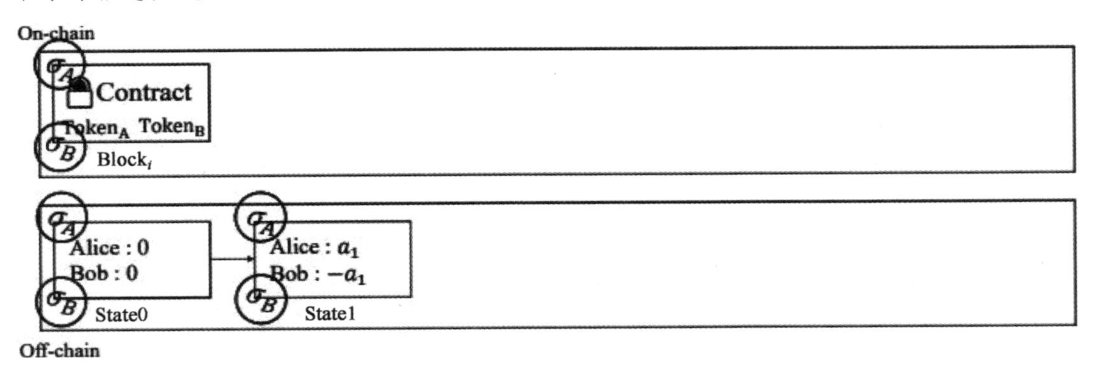

图 9-8　Bob 确认 State1 状态

步骤 03-1-3：当一个状态（State1）得到了所有参与者的签名确认时，1 成为当前最新状态的版本号，所有参与者着手准备下一个版本的状态更新，如图 9-9 所示。

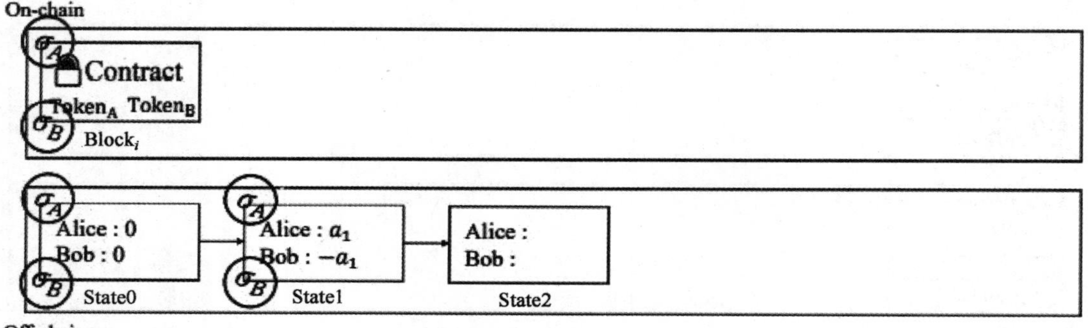

图 9-9　1 成为当前最新状态的版本号

步骤 03-2：Alice 向 Bob 支付了 a_2 个 Token，双方签字确认了 State2 状态。

步骤 03-3：Bob 向 Alice 支付了 a_3 个 Token，双方签字确认了 State3 状态。

如图 9-10 所示。

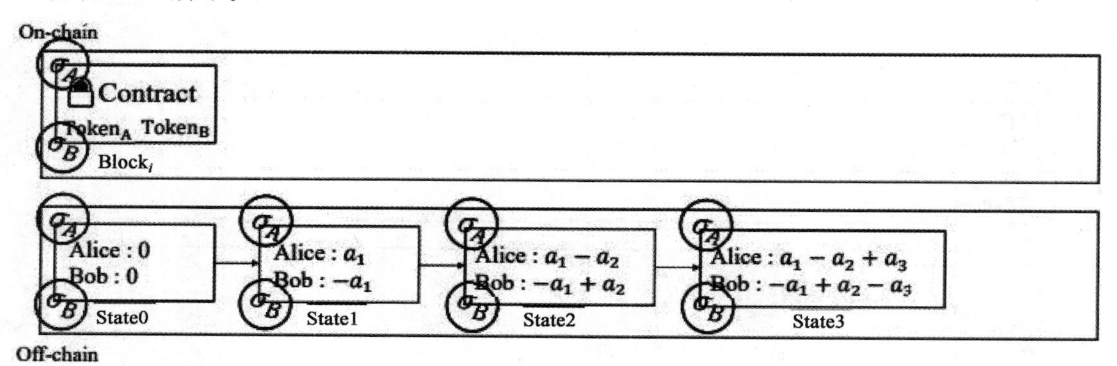

图 9-10　双方确认 State3 状态

步骤 04：关闭通道。

Alice 和 Bob 结束了交易。Alice 将最新版本的 State3 状态提交到区块链上（提交内容包括最新状态的 Hash 值、最新状态版本号、所有参与方针对最新状态的签名），状态通道关闭，如图 9-11 所示。

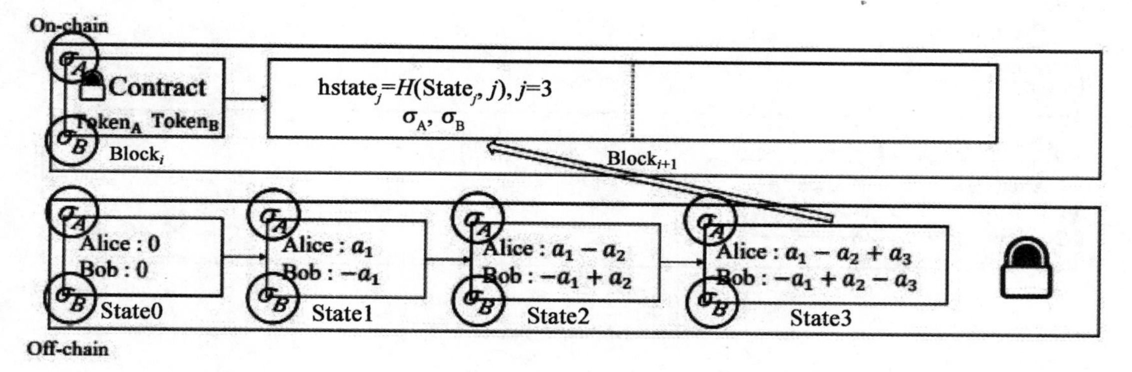

图 9-11　通道关闭，状态改变写入链上

步骤 05：结算。

第 i 块链中锁定的合约被解锁，在 Alice 提交 State3 状态后，将所有参与方的最终状态折射到押金金额中，如图 9-12 所示。

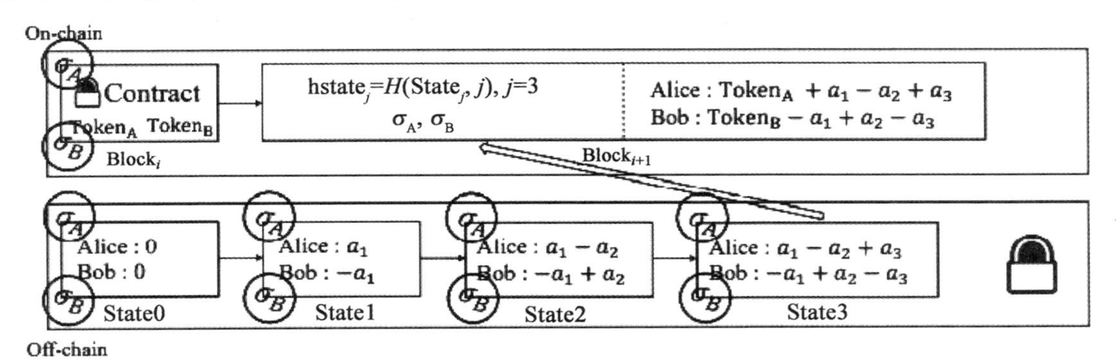

图 9-12　结算，所有参与方的最终状态折射到押金金额中

（2）解除和平假设

问题 1：在 Bob 对 State3 状态签名前，因为某些特殊原因，他想要立即结束状态通道内的支付行为，如图 9-13 所示。

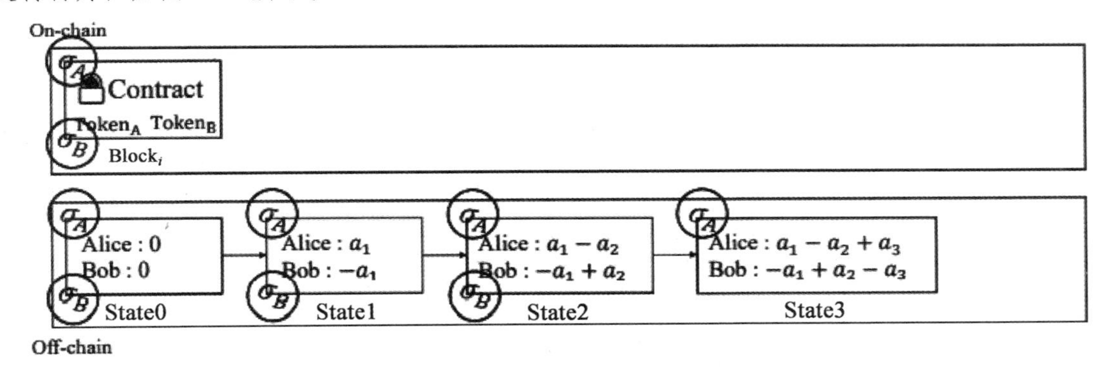

图 9-13　Bob 想要立即结束状态通道内的支付行为

问题 1 的解答：当任意一方在对新状态签名前想要提前结束支付行为时，只需将最新的由所有参与方签名的状态提交到区块链上即可。这样合约按照 State2 状态结算，如图 9-14 所示。

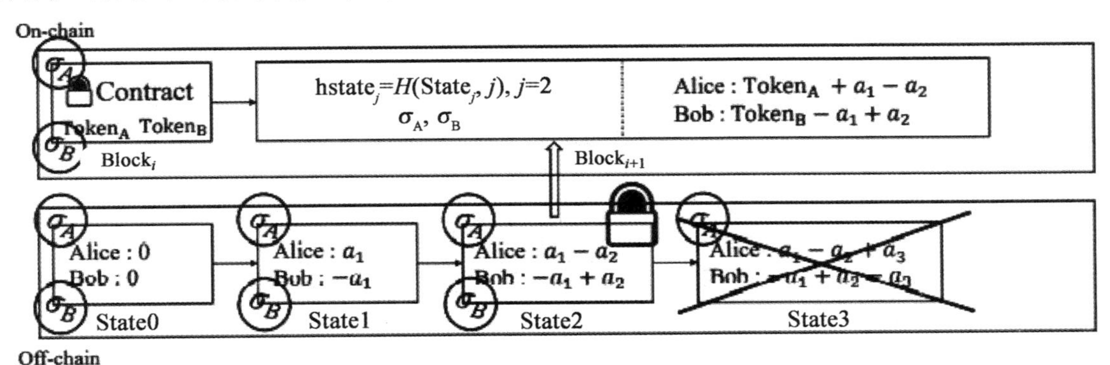

图 9-14　将最新的由所有参与方签名的状态提交到区块链上

问题 2：在双方签订 State3 状态并结束支付后（也有可能会继续支付行为），不诚实的 Bob 抢先一步将双方都签名过的 State2 状态上传到区块链上，如图 9-15 所示。

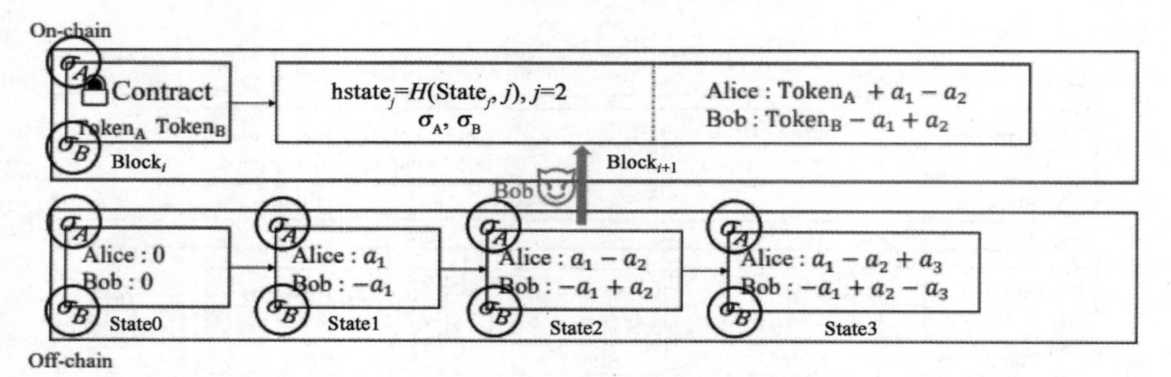

图 9-15　不诚实的 Bob 抢先一步将双方都签名过的 State2 状态上传到区块链上

问题 2 的补充：如果 Contract 立即启动结算，则 Alice 会立即遭受损失，如图 9-16 所示。

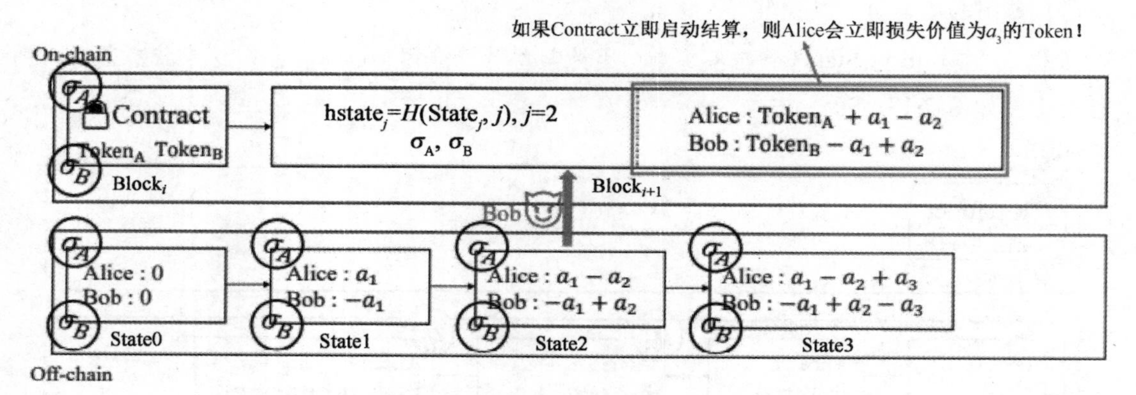

图 9-16　如果 Contract 立即启动结算，则 Alice 会立即遭受损失

问题 2 补充的解答：需要在正式结算前允许任何参与方在合约中启动争议，请求区块链裁定，如图 9-17 所示。

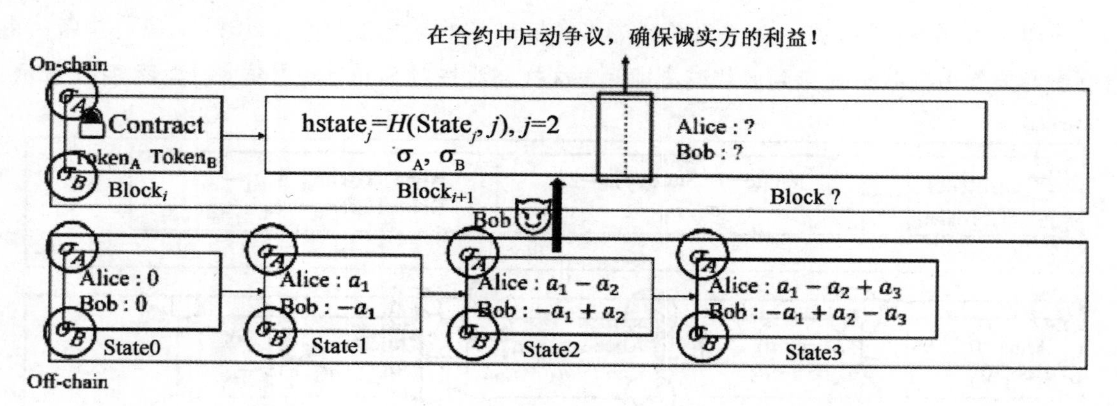

图 9-17　在正式结算前允许任何参与方在合约中启动争议

问题 2 的解答：在正式结算前允许任何参与方在合约中启动争议，请求区块链裁定。

Alice 在合约中启动争议，设置区块数为 N（Block_{i+2}）。

Bob 仍抱有幻想，将 State2 状态上传到区块链（Block_{i+3}，实际上是一个调用合约的过程）。

Alice 在 Block_{i+3} 上更新 State3 状态，由于比 State2 状态的版本号新而被合约接受，此后合约只接受版本号大于 3 的状态。

在 Block_{i+2+N} 中，合约对最新的状态进行结算，裁定过程如图 9-18 所示。

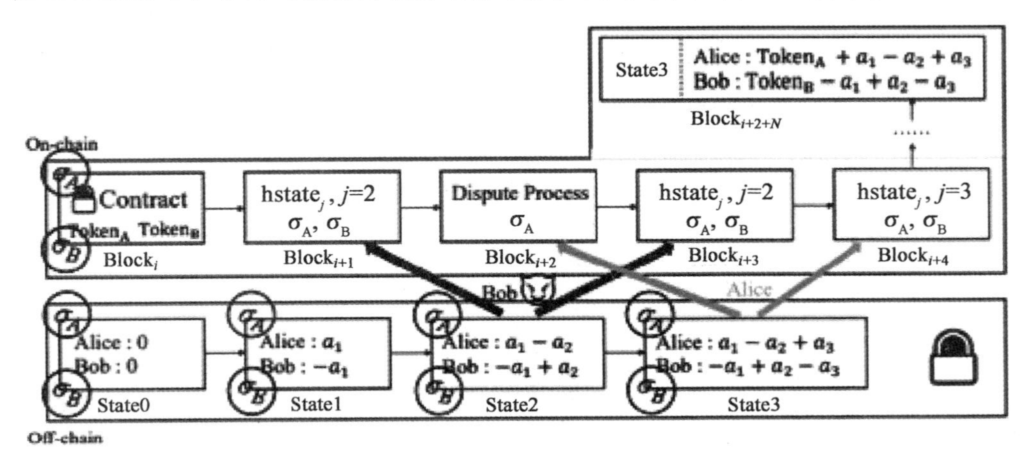

图 9-18　裁定过程

9.2.4　实验步骤

1．第二层扩容方案（一）：闪电网络

提供以下资料：

❖ 比特币交易单、签名、区块、脚本相关技术文档。

❖ 部分烦琐算法的源码，包括一份高频小额转账单汇总、一份实体间通道示意图。

需要完成的目标：

❖ 实现通道建立、关闭过程（即实现闪电网络的两种合约），实现直接单通道转账和多通道转账。

❖ 设计实验，测试闪电网络对高频小额交易的优化程度。

提示：需自己设定闪电网络交易费比例、交易收发频率等参数，推导公式表示闪电网络起到优化作用的参数关系；模拟比特币主网交易发送和确认过程后，通过实验数据表明你的推论。

2．第二层扩容方案（二）：雷电网络

提供以下资料：

❖ 状态通道相关技术文档。

❖ 部分烦琐算法的源码，包括基础合约代码、一份实体间通道示意图、一份含有敌手的

转账单汇总。

需要完成的目标：

❖ 实现通道建立、关闭过程，实现直接单通道转账和多通道转账。

❖ 设计实验，说明雷电网络是 Soundness 的。

提示：你需要根据实验规定的敌手行为，实现诚实方完整的仲裁流程。

3．第一层扩容方案（一）：隔离见证

提供以下资料：

❖ 比特币交易单、签名、区块、脚本相关技术文档。

❖ 部分烦琐算法的源码，包括一份旧版本比特币交易单数据集。

需要完成的目标：

❖ 把旧版本比特币的交易单数据，打包为隔离见证版本的比特币区块，结合实验数据，说明隔离见证的优点。注意：假设给出的交易单金额和地址都是合法的，但签名不一定合法。

9.2.5 实验报告

在实验报告中简要回答你的实验设计思路、实验过程和收获。

【思考题】

如果 Alice 突然离线，Bob 启动争议程序，将一个相对较旧的状态上链，Alice 如果不及时恢复在线，最终将蒙受损失，这种情况应该如何处理？如图 9-19 所示。

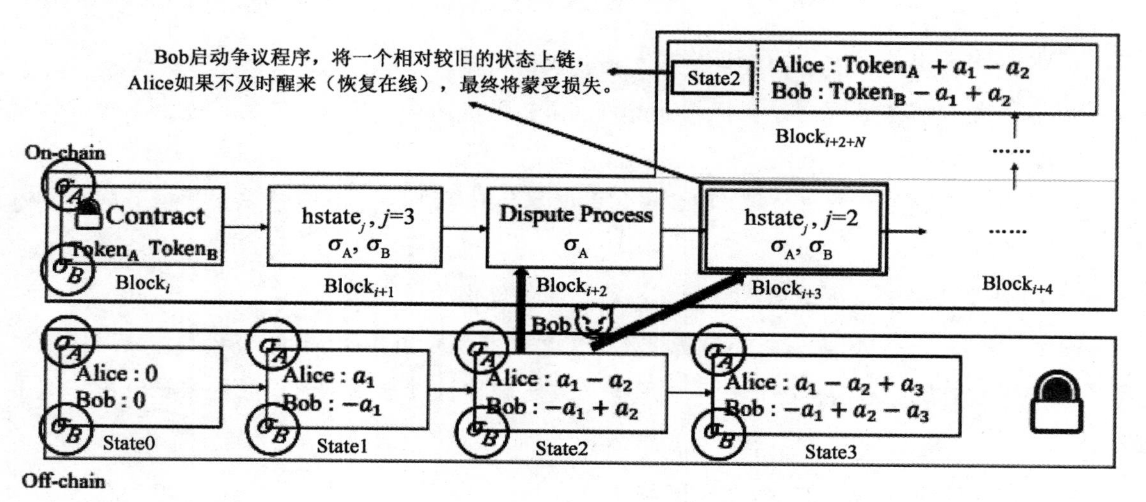

图 9-19　Alice 离线，Bob 启动争议

9.3 本章实验报告模板

读者在做本章实验时应及时记录实验结果，建议撰写实验报告，对实验进行总结和思考。本章实验报告模板如下。

序号	实验报告内容
一	实验目的
二	原理简介
三	实验环境
四	步骤设计与实验现象
五	实验结论

参考文献

[1] https://github.com/Jeiwan/blockchain_go，访问时间 2020.10.31.

[2] https://bitcoincore.org，访问时间 2020.10.31.

[3] Nakamoto, Satoshi. Bitcoin: A peer-to-peer electronic cash system. Manubot, 2019.

[4] Wood, Gavin. "Ethereum: A secure decentralised generalised transaction ledger." Ethereum project yellow paper 151.2014 (2014): 1-32.

[5] https://live.blockcypher.com/，访问时间 2020.10.31.

[6] https://www.etherchain.org/，访问时间 2020.10.31.

[7] https://blockchain.com，访问时间 2020.10.31.

[8] https://blockstream.info，访问时间 2020.10.31.

[9] https://etherscan.io，访问时间 2020.10.31.

[10] https://github.com/Blockstream，访问时间 2020.10.31.

[11] https://bitcointalk.org/index.php?topic=25804.0，访问时间 2020.10.31.

[12] https://btc.com，访问时间 2020.10.31.

[13] https://coinfaucet.eu/en/btc-testnet，访问时间 2020.10.31.

[14] https://en.bitcoin.it/wiki/，访问时间 2020.10.31.

[15] https://bitaddress.org，访问时间 2020.10.31.

[16] https://github.com/ethereum/go-ethereum，访问时间 2020.10.31.

[17] https://ipfs.io，访问时间 2020.10.31.

[18] https://download.docker.com，访问时间 2020.10.31.

[19] https://github.com/hyperledger，访问时间 2020.10.31.

[20] https://hyperledger-fabric.readthedocs.io/en/release-1.4，访问时间 2020.10.31.

[21] https://cryptokitties.co，访问时间 2020.10.31.

[22] https://remix.ethereum.org，访问时间 2020.10.31.

[23] https://github.com/ethereum/EIPs/blob/master/EIPS/eip-20-token-standard.md，访问时间 2020.10.31.

[24] https://www.trufflesuite.com，访问时间 2020.10.31.

[25] King, Sunny, and Scott Nadal. "Ppcoin: Peer-to-peer crypto-currency with proof-of-stake." Report, August 19 (2012): 1.